W0068906

Jon Katz

Simon und ich

Wie ein kleiner Esel mir beibrachte, was Mitgefühl ist

Mit Fotografien von Jon Katz

Aus dem amerikanischen Englisch
von Ralf Pannowitsch

PENGUIN VERLAG

Verlagsgruppe Random House FSC® N001967

2. Auflage
Copyright © 2014 by Jon Katz
Copyright © der deutschsprachigen Ausgabe 2019 by
Penguin Verlag
in der Verlagsgruppe Random House GmbH,
Neumarkter Straße 28, 81673 München
Die Zitate auf den Seiten 49, 52, 53, und 285 stammen aus:
Juan Ramón Jiménez, *Platero und ich*, Insel Verlag.
Fotografien: © Jon Katz
Covergestaltung: Favoritbüro
Covermotiv: © Ignacio Palacios / Dieter Hopf / GettyImages;
© Vitaly Ilyasov, canadastock / Shutterstock
Satz: GGP Media GmbH, Pößneck
Druck und Bindung: GGP Media GmbH, Pößneck
Printed in Germany
ISBN 978-3-328-10450-6
www.penguin-verlag.de

Dieses Buch ist auch als E-Book erhältlich.

Teil eins
Simons Rettung

Prolog
Bei Nacht und Nebel

Den Namen Simon hat ihm McKenzie Barrett gegeben, die Tochter der Tierschutzbeauftragten. Ein Name aus der Bibel, so dachte sie, würde dem Esel Segen bringen, und man täte ihm nie wieder etwas zuleide. Ein Beamter von der New York State Police war früher am Tag schon einmal vorbeigekommen, auf den nahe gelegenen Hügel gestiegen und hatte sich die Sache durchs Fernglas angesehen. Dann zeichnete er eine Skizze vom »Gehege« des Esels (er wusste nicht recht, wie er es nennen sollen, es war alles so eng) und verteilte Kopien davon an alle, die bei dem Überraschungsangriff mitmachen sollten: an die anderen Polizisten, den Tierarzt, die örtliche Tierschutzbeauftragte und den Fahrer des Transporters, der Simon fortbringen sollte – ob tot oder lebendig. Durchs Fernglas konnte der Polizist nicht erkennen, was davon zutraf. Er fürchtete, dass es vielleicht schon zu spät war.

Auf dem Anwesen gab es ein Bauernhaus und eine große Scheune, deren Südseite an die Straße grenzte. Das Haus und die alte Scheune waren durch einen

Feldweg verbunden, der sich – an manchen Stellen kaum mehr als ein Trampelpfad – weiter hinten durch eine Wiese und einen Kiefernhorst wand, ehe er an einem kleinen, von Maschendraht umgebenen Gehege entlangführte. Die Anlage war von Gebüsch und Bäumen verdeckt und von der Straße aus nicht einsehbar. Es war ein kleiner Pferch mit einem robusten Zaun. Selbst wenn man am Farmhaus stand, ahnte man nichts von seiner Existenz.

Einst war er vermutlich für Schweine oder ein paar Ziegen angelegt worden – für Tiere, die starke Zäune und Absperrungen brauchten, wenn man sie in einem so kleinen Pferch halten wollte. Er war schäbig und primitiv, ein von schwerem Maschendraht umgebener, schlammiger Gang. Einige Paletten waren so aufgestellt, dass sie ein umgekehrtes V bildeten – so niedrig, dass nur ein Schwein oder ein paar Hühner hätten darunterkriechen können. Durch sein Fernglas hatte der Polizist gesehen, dass der Esel auf dem Boden lag, den Kopf unter die Paletten geschoben. Vielleicht, um Schutz vor dem Regen zu suchen. Vielleicht, um zu sterben.

Am Schlamm und Dreck, der die Flanke des Tieres bedeckte, konnte der Polizist erkennen, dass es schon lange dort lag. Seine Haut war schwarz. Man nennt das Regenräude – die Haut stirbt ab, sie wird schwarz, weil ein Tier Wochen oder Monate in der Kälte und Nässe gelegen hat und nie ganz trocknen konnte.

Die Paletten bildeten eine Insel in einem Meer aus Matsch, aus Abfällen, Stücken von verrottetem Holz und Zaunpfählen. Der Esel war bis zur Schulter im Schlamm versunken – er steckte richtig darin fest. Er war beinahe begraben unter seinem eigenen Dung. Der Geruch war scheußlich, ein Gestank, der sich über die Wiese verbreitete und vom Wind davongetragen wurde.

Der Polizist schätzte die Gehegegröße auf drei mal drei Meter – gerade ausreichend für den hingestreckten Körper des Esels. Hätte er stehen können, wäre es ihm schwergefallen, sich in diesem Pferch umzudrehen. Aber er rührte sich nicht.

Selbst aus der Ferne konnte der Polizist erkennen, in welch schrecklichem Zustand Beine und Fell des Tieres waren. An seiner Flanke traten die Rippen hervor. Er konnte nicht sehen, ob sich der Bauch noch hob und senkte. Die Behausung des Esels glich eher einem Müllabladeplatz als einer Weide oder einem Stall.

***

Um zehn Uhr abends stand der Polizist schließlich am Pferch und fürchtete das Schlimmste. Er hatte sich den ganzen Tag Sorgen gemacht, Schreibkram erledigt, die bürokratischen Kreisläufe in Gang gesetzt und seine Vorgesetzten davon überzeugt, dass es die Zeit und die Ausgaben wert sei, auch wenn sie fanden, es gäbe Dringenderes zu tun.

Als die Polizisten und die Tierschutzbeauftragte sich dem Gatter näherten, mussten sie innehalten. Eigentlich waren sie Schlimmes gewohnt. Sie hatten schon eine Menge zu sehen bekommen, aber so etwas noch nicht. Die Tierschutzbeauftragte schüttelte den Kopf. »Mein Gott«, sagte sie. »Warum hat ihm sein Besitzer, wer auch immer das sein mag, nicht einfach den Gnadenschuss gegeben?« Einer der jungen Polizisten rannte zum Gebüsch und erbrach sich.

Der Esel war von Läusen übersät und hatte Bissspuren von Ratten. Einer der Polizisten fragte den Veterinärmediziner, wie alt das Tier sei. »Das lässt sich nicht mit Sicherheit sagen«, antwortete er, »ich müsste ihn bei Licht sehen. Aber ich würde mal schätzen, fünfzehn Jahre.« Dann verstummte er und hievte seine große Tasche von der einen auf die andere Schulter. »Lassen Sie uns reingehen.«

Am Feldrain konnte man Ratten ausmachen; sie starrten lauernd zu uns herüber. Ein Hilfssheriff legte die Hand an seine Waffe, aber ein anderer Polizist berührte ihn am Arm und schüttelte den Kopf. Selbst Ratten waren kein Grund zu schießen. Er lehnte sich übers Gatter und warf einen Stein nach den Ratten, aber sie rührten sich nicht vom Fleck.

Ein anderer Hilfssheriff brachte einen Strahler auf einem Dreifuß und einen tragbaren Generator herbei. Er setzte das Gerät in Gang, und der Pferch wurde von Licht geflutet. Die Polizisten, der Veterinärmediziner und die Tierschutzbeauftragte scharten sich alle um den Esel, der sich bisher weder bewegt noch einen Laut von sich gegeben hatte.

Der Tierarzt legte die flache Metallscheibe seines Stethoskops an den Hals des Esels. »Also, er lebt«, sagte er, »aber gerade noch so. Entfernen wir doch erst mal die Paletten.«

Sie standen auf, schoben die hölzerne Konstruktion über dem Kopf des Esels weg und leuchteten dem Tier mit ihren Taschenlampen ins Gesicht. Ein Augenblick fassungslosen Schweigens entstand; dann banden sich einige der Männer Taschentücher vor die Nase und machten sich an die Arbeit.

Der Tierarzt stellte seine große Segeltuchtasche im Schlamm ab und entnahm ihr Spritzen, kleine Glasflaschen, Schwämme, Schmerzmittel, Zangen und Zwingen zum Zähneziehen, Vitamine und Energybooster, Balsam und Salbe für die Haut, Läusepuder, Gazepflaster für die Rattenbisse und ein Antibiotikum für die eiternden Augen. Wo sollte man anfangen? Er würde alles brauchen, was er mitgebracht hatte. Er machte sich rasch an die Arbeit.

Die Polizisten waren es gewohnt herumzustehen, zu beobachten und zu warten. Es war ein wesentlicher Bestandteil ihrer Arbeit. Sie hatten sich im Halbkreis hinter dem Tierarzt aufgestellt, reichten ihm Handtücher und Decken, Feuchttücher und Gerätschaften und richteten ihre Taschenlampen auf die jeweils gewünschte Stelle. Manche Arbeiten konnte er später erledigen, wenn sie den Esel auf die Farm der Tierschutzbeauftragten transportiert haben würden, ein paar Orte weiter. Denn das war ihr Plan gewesen: Wenn Simon noch am Leben sein sollte, wollten sie seinen Zustand stabilisieren, ihn irgendwie auf die Beine kriegen und auf jene Farm bringen. Dort gab es einen Stall mit einigen leeren Boxen. Am nächsten Vormittag würden sie ihn dann besser begutachten können.

Als sich der Tierarzt über den Esel gekniet hatte, sagte er: »In zwanzig Jahren Praxis habe ich noch nie ein Tier gesehen, das in so einem schlimmen Zustand war.« Er war selbst überrascht, dass ihm die Tränen auf die Tasche, die Flaschen und die Wickel tropften. So etwas passierte ihm selten; er wischte sie beiseite und machte sich an die Arbeit. *Großer Gott,* dachte er, *so etwas hätte ich niemals sehen wollen!* Aber war er nicht genau deshalb Veterinärmediziner geworden? *Manchmal,* so sagte er sich, *manchmal schäme ich mich, ein Mensch zu sein.*

Viel Zeit blieb ihm nicht. Puls und Herzschlag des Tieres wurden rasch schwächer.

Der Tierarzt hatte gleich gesehen, dass die Hufe des Esels wie Flügel hervorstanden – es musste sehr lange her sein, dass man sie ihm das letzte Mal geschnitten hatte. »Er muss schon auf den Knöcheln gegangen sein«, sagte der Tierarzt. »So kann er nicht bis zum Anhänger laufen. Ich muss ihm die Hufe an Ort und Stelle schneiden.«

Er erhob sich, lief zu seinem Wagen und nahm eine Akku-Handkreissäge heraus. Dann griff er nach den Schmerzmitteln und einem Sedativum. Er musste den Esel für eine Weile ruhigstellen. Die Schmerzen mussten schrecklich sein, aber wenn man ihm nicht die Hufe schnitt, würde er es niemals bis zum Transporter schaffen.

Bevor er damit begann, zog er dem Esel die Kiefer auseinander. Simons rechtes Auge ragte aus dem Schlamm heraus; es stand offen und starrte ihn durch den Belag und den Eiter hindurch an. Der Tierarzt betrachtete den Kiefer und blickte dann zu einem der Polizisten hoch. »Ich muss sie ihm gleich hier ziehen, da steckt eine schlimme Infektion drin. Ich muss ihn sedieren, kann ihn aber nicht ganz betäuben, denn dann bekommen wir ihn nicht mehr hoch. Er wird schläfrig sein, aber spüren wird der arme Kerl es trotzdem.« Und dann machte er sich ans Werk.

»Wird er durchkommen?«, fragte einer der Polizisten.

»Ich weiß es nicht«, sagte der Tierarzt. »Ein Teil von mir hofft beinahe, dass er es nicht schafft; dann hätte er wenigstens seinen Frieden.«

»Nein«, sagte die Tierschutzbeauftragte. Sie beugte sich vor und legte dem Veterinär ihren Arm um die Schulter. »Ich glaube, ich habe schon ein Heim für ihn gefunden. Jemand, der schon zwei Esel hat, ein Schriftsteller. Er sagt, er würde mal vorbeischauen, morgen früh, falls wir das Tier tatsächlich bis zu mir nach Hause bekommen. Versuchen wir's, geben wir ihm eine Spritze!«

Der Tierarzt schaute zu ihr hoch und nickte. Er zog Simon die Kiefer auseinander und brachte das Maulgatter an, um sie offen zu halten.

Sie wussten nicht, dass ein Esel schreien konnte.

Er wäre gestorben, wenn dieses Kind nicht gewesen wäre. Der kleine Junge, der im Farmhaus lebte, kam jeden Abend zu ihm hinübergehuscht, zu sehr später Stunde. Simon hätte sein Gesicht ganz deutlich im Mondschein erkennen können, wenn er nach ihm Ausschau gehalten hätte, aber meist nahm er ihn erst wahr, wenn er sich dem Zaun näherte, so sanft auf seinen bloßen Füßen, selbst in der Kälte, und wenn er Simon zuflüsterte, er solle still sein, und ein wenig Heu über den Zaun in Richtung von Simons Kopf warf.

Anfangs konnte der Junge noch den Arm über den Zaun strecken und dem Esel das Heu zum Fressen hinhalten, aber seit einigen Tagen lag Simon nur noch auf der Seite, unfähig, sich zu bewegen oder gar aufzustehen, und so warf das Kind das Heu eben so nahe an seinen Kopf, wie es konnte.

»Es tut mir so leid«, sagte der Junge oft, und manchmal weinte er. »Das ist alles, was ich dir geben kann. Mehr kann ich nicht tun.« Er sah nach, ob der Esel noch lebte, warf ihm das Heu hinüber und verschwand dann so schnell, wie er gekommen war, in den Wiesen hinter dem Farmhaus. Von Anfang an hatte Simon diesen Jungen sehr gern, wie Esel überhaupt ihre Menschenkinder innig lieben. Sie beschützen sie, halten nach ihnen Ausschau, rufen sanft nach ihnen, lassen die Kinder bereitwillig auf sich reiten und sind gerne mit ihnen zusammen. Die Seele eines Kindes ist der eines Esels so ähnlich – klein und gut und offen, neugierig und unabhängig.

Der Junge hatte immer gespürt, dass Simon menschliche Zuwendung brauchte. Da ihnen durch Menschenhand so viel Schlechtes widerfahren ist, betrachten

Esel solche Zuwendung nie als selbstverständlich. Sie brauchen es, von Menschen berührt zu werden, brauchen Sicherheit und die Zärtlichkeit der Kinder. Es wirkt heilend auf sie, und im Gegenzug können auch sie heilen.

Simon lag still da. Während der Veterinär allmählich zum Ende kam, dachte die Tierschutzbeauftragte über Simons Zukunft nach. »Wir müssen es probieren. Dieser Schriftsteller hat mir noch einmal eine SMS geschickt; er hat einen geräumigen Stall und jede Menge Weideland. Er liebt Tiere und ist selbst dickköpfig wie ein Esel. Sie werden bestimmt miteinander klarkommen.«

Und dann geschah, was wenige Minuten zuvor noch unvorstellbar gewesen wäre: Simon bewegte sich. Seine Instinkte kehrten zurück, er kämpfte ums Überleben.

Die Tierschutzbeauftragte (sie hatte lange blonde Haare, genau von der Art, wie Esel sie gerne anknabbern) und alle umstehenden Männer riefen ihm zu: »Steh auf, Simon! Steh auf! Jetzt ist alles in Ordnung! Wir sind gekommen, um dich hier wegzuholen!« Sie waren aufgeregt, und die Aufregung übertrug sich auf ihn. Der Veterinär rief immer wieder, dass Simons Pulsschlag zurückgehe. Das Tier hatte einen Schock. Sie stemmten seine geschwollenen Kiefer wieder auseinander und spritzten ihm durch eine Sonde Flüssigkeit in den Magen. Sie stachen ihm eine Kanüle in den Hals und verbanden sie mit einer Plastikflasche, die an einem Ständer aufgehängt war.

»Schluck es runter, Simon«, flehten sie ihn an, »schluck runter! Steh auf, beweg dich, bitte beweg dich!« Vom Knistern des Sprechfunks fuhr Simon hoch, betäubt von seinen Schmerzen; er wurde von den grellen und aufblitzenden Lichtern geblendet und von all den Geräuschen durcheinandergebracht. Er wirkte benommen und schwindlig und kämpfte sich ab. Er schien sich auf eine ganz bestimmte Person zu konzentrieren, die Frau mit den blonden Haaren. Sie hatte eine Verbindung zu ihm hergestellt; es war, als würde sie ihn erden und ihm dabei helfen, in all dem Chaos und Schmerz einen Sinn zu finden.

Sie setzten sich in Bewegung und kamen auf dem abschüssigen Fahrweg langsam voran, doch dann stoppte die Prozession plötzlich.

Ihnen gegenüber vor dem Bauernhaus, mit vor der Brust verschränkten Armen und gesenktem Kopf, stand der Farmer und wartete. Die Polizisten und die übrigen Retter blieben stehen und schauten zu ihm hinüber. Manche waren wütend – man konnte es ihnen an den Gesichtern ablesen. Andere waren perplex und versuchten zu begreifen. Der Farmer sah erschöpft und niedergeschlagen aus. Er trug Jeans, schwere Stiefel und ein rotes Flanellhemd. Er brachte es nicht fertig, den Blick zu heben und Simon anzuschauen. Die Polizisten gingen zu ihm hinüber, sagten etwas und händigten ihm irgendwelche Papiere aus.

»Es tut mir leid«, sagte der Farmer, der immer noch auf seine Stiefelspitzen blickte. »Mir ist das alles über den Kopf gewachsen. Nach einer Weile konnte ich es einfach nicht mehr ertragen, zu ihm zu gehen. Ich konnte das nicht mehr mit ansehen.«

Die Polizisten entgegneten nichts; sie starrten ihn nur an.

Als sie zu Simon zurückgingen, wandte sich einer seinem Kollegen zu und sagte: »So was habe ich schon manchmal erlebt. Sie können einfach nicht um Hilfe bitten, sie können es nicht eingestehen, dass sie derart am Boden sind.« Der andere Polizist nickte.

Sie leuchteten mit ihren starken Taschenlampen in die Dunkelheit hinein. Im Gebüsch raschelte es, und der Junge kroch hinaus, im Schlafanzug und barfuß in all dem Schlamm und der Kälte. Er war klein und dünn, etwa zehn Jahre alt, und vor seinem Gesicht hingen dichte braune Strähnen. Seine Augen waren feucht und gerötet.

»Was machst du denn hier, Junge?«, fragte einer der Polizisten. Das Kind bewegte sich zögerlich auf Simon zu, und der Polizist machte ein paar Schritte, um es aufzuhalten. Die Tierschutzbeauftragte aber winkte den Polizisten zurück und nahm den Jungen bei der Hand. Sie beugte sich zu ihm hinab, wuschelte ihm durchs Haar und flüsterte ihm etwas ins Ohr. »Du warst derjenige, der angerufen hat.« Es war eine Feststellung, keine Frage.

»Mach dir keine Sorgen«, sagte sie. »Das bleibt unser Geheimnis. Möchtest du dich von ihm verabschieden?«

Der Junge schaute zu ihr hinauf, dann zu Simon, und schließlich nickte er. »Ja, bitte«, sagte er und blickte sich ängstlich zum Farmhaus um. Simon stellte die Ohren auf und iahte leise. Seine schwache, piepsige Stimme schien ihn selbst zu erschrecken; der Ton hätte eher zu einer Maus gepasst als zu einem Esel.

Der Junge schaute auf Simon und dann auf die Polizisten. »Mein Dad ist in Ordnung«, sagte er zu dem größten. »Er hat es bloß gerade schwer.«

Der Polizist nickte.

Simon schien sich bei dem Jungen so wohlzufühlen, dass die Tierschutzbeauftragte dem Kind die Zügel überließ. Jetzt lächelte der Junge; er griff nach der Leine und sagte: »Na komm, Simon, lass uns gehen.« Die Prozession setzte sich wieder in Gang. Er führte Simon den Pfad hinunter bis auf die Straße und dann geradewegs in den Anhänger, wobei der Esel sehr lange brauchte, um auf seinen schmerzenden und wackligen Beinen die Rampe hochzukommen. Als er es, unterstützt von einem halben Dutzend starker Arme, endlich geschafft hatte, wartete der Junge dort schon mit einem Büschel Heu auf ihn. Simon hielt einen Augenblick inne; er nahm das Heu ins Maul, begierig auf den vollen und warmen Geschmack, selbst wenn sein Zahnfleisch schmerzte und der Kiefer geschwollen war.

Der Junge reckte sich, umarmte Simon und gab ihm einen Kuss auf die Nase. Als er die Rampe hinunterging, schaute Simon ihm nach. Er wollte sich umdrehen, um ihm zu folgen, aber es ging nicht, denn nun wurde er von einem Tor zurückgehalten und von Stricken, die man in den Ecken des Anhängers an Ringen festgemacht hatte.

Der Junge wandte sich noch einmal um und winkte; dann lief er davon. Simons klagendes Iahen brach sich an den Wänden des Anhängers und hallte über die Wiese bis zu jener kleinen, schrecklichen Stelle, die sein Heim gewesen war – einem Ort, den er niemals wiedersehen sollte.

Simon wurde an den Seitenwänden des Anhängers fest angebunden, aber das Vehikel rumpelte über die Feldwege und schlenkerte hin und her, und bei jeder Bodenwelle und jeder Kurve schoss es ihm wie ein Blitz die Beine hinauf bis in den Kiefer. Sie standen an seiner Seite, redeten auf ihn ein, schmierten ihm Salben auf die Wunden und sagten ihm, dass nun alles gut werde. Bald hatte der Transporter seinen Zielort erreicht. Simon wurde in einen weiträumigen roten Stall geführt. Er hörte, wie ihm Pferde von der angrenzenden Weide aus zuwieherten. Er spürte die Einstiche von weiteren Kanülen, und endlich sackte er kraftlos und erschöpft auf ein Bett aus Stroh.

Sie arbeiteten die ganze Nacht hindurch, um ihn zu retten. Die Hornflügel an seinen Füßen wurden endgültig weggesägt. Sie zogen ihm die entzündeten Zähne, praktisch jeden zweiten. Er wurde in Tinkturen gebadet, damit die Geschwüre abheilten; man trug verschiedene Puder auf, um die Läuse und Flöhe abzutöten. Sie legten ihm Bandagen zum Stützen der Beine an und tropften ihm eine Arznei in die Augen, um sie zu reinigen. Gaze-packungen sollten die Schwellungen in seinem Maul lindern. Man verband Wunden und trug Arzneimittel auf, damit die Bissstellen von den Ratten heilen konnten. Die Regenräude, also die schwarz gewordene Haut, würde Monate brauchen, um zu heilen. Simons Beine würden nie wieder völlig gerade werden, aber mit etwas Glück würde er wieder umherlaufen können.

* * *

Draußen saßen die Polizisten in ihren Autos, deren Motoren auf Leerlauf geschaltet waren. Die Männer tranken ihren Kaffee und gaben einander den Stand der Dinge durch. Häufig werden Menschen ganz tief in Tierschicksale mit hineingezogen, und diese Männer bildeten keine Ausnahme. Sie nahmen jetzt größten Anteil an der Rettung dieses total heruntergekommenen alten Esels, den man in seinem Pferch als tot zurückgelassen hatte. Dabei würde vermutlich keiner von ihnen das Tier je wieder zu Gesicht bekommen. So war ihre Arbeit eben. »Ob er wohl durchkommt?«, fragte einer, und ein anderer sagte: »Man muss ihn wirklich bewundern. Er wird niemals aufgeben. Stell dir bloß vor, wie viel Kraft es gekostet haben muss, in diesem Dreckloch am Leben zu bleiben.«

Am späten Vormittag waren die Polizisten fort, und Simon war wieder allein. Er ließ den Blick schweifen.

Er hatte ein Dach überm Kopf, aber die Tore standen offen, und ganz in seiner Nähe war eine kleine Wiese mit Büschen. Es war Frühlingsanfang, und das Gras hatte zu wachsen begonnen. Simon taumelte zur Wiese hinüber, senkte seinen Kopf und schien das feuchte, frische Gras, eine Wonne für jeden Esel, beinahe aufzusaugen. Dann legte er sich hin.

Es war still; man hörte die Vögel singen. Weiter hinten rauschten Autos und Laster auf einer viel befahrenen Schnellstraße vorbei. Er lauschte den Hunden, die unweit von ihm bellten, und nahm auch Pferde wahr, die weiter hügelan auf der Weide standen.

Um ihn herum war überall Heu, und es gab ein Bett aus Stroh, auf das er sich legen konnte. Sein Blick klärte sich immer mehr; er konnte wieder richtig sehen. Ein paar Schritte den Hügel hinab wand sich ein Bach mit frischem Wasser, und Simon nahm all seine Kraft zusammen und kraxelte hinunter, um gierig und lange zu trinken.

Er hatte Bauchschmerzen, aber nicht vor Hunger. Um ihn herum gab es nichts Vertrautes. Er iahte, rief nach dem Jungen, aber der war nirgends; er kam und kam nicht.

Eins
Mein erster Esel

Vielleicht sollte ich erst einmal erklären, weshalb die Polizei auf den Gedanken kam, ich könnte auf meiner Farm einen sterbenden Esel aufnehmen. Für ein Stadtkind wie mich, das die meiste Zeit seines Lebens glaubte, Esel gebe es nur in Indien oder Spanien, ist das nicht gerade naheliegend.

Ich fragte die Tierschutzbeauftragte, wie viele Leute sie gebeten hatte, über die Aufnahme von Simon nachzudenken. Auch mich verblüffte es nämlich, dass ihre Behörde und die New York State Police ausgerechnet auf mich gekommen waren. »Nur Sie«, war ihre Antwort.

»Oh …«, sagte ich in einem jener bewusstseinsverändernden Augenblicke, in denen wir eine Ahnung davon bekommen, wie andere Menschen uns vielleicht sehen.

»Wir wussten ja, dass Sie ein paar Esel besitzen und sie lieben«, sagte die Frau vom Tierschutz. »Ich habe Ihre Bücher gelesen.«

Ich bin Autor und Fotograf und besitze nördlich von New York eine Farm. Dort wohne ich mit meiner Frau Maria und zahlreichen Tieren. Mein Leben ist nie in geraden Bahnen verlaufen; Zickzacklinien sind mehr nach meiner Art. Wenn mein Leben auf einer Farm überhaupt von irgendeinem Grundgedanken bestimmt wird, ist es womöglich dieser: Immer führt eins zum anderen.

Und es war Carol, die mich – auf einem Zickzackkurs – zu Simon geführt hat.

Der erste Esel, den ich jemals erblickte, trug einen Strohhut und rief Elmer Fudd in einem Samstagmorgen-Zeichentrickfilm sein Iah zu. Ich erinnere mich, dass er riesige Zähne hatte und ziemlich laut und albern war.

Einen echten Esel bekam ich erst zu Gesicht, als ich schon beinahe fünfzig war. Damals hatte ich meinen Border Collie auf eine Schaffarm in Pennsylvania gebracht, damit er dort lernte, wie man Schafe hütet. Dieses Erlebnis veränderte mich in vielerlei Hinsicht. Ich beschloss, mir selbst eine Farm zu kaufen, begann über Hunde zu schreiben und begegnete einem Esel, durch den sich mein Leben grundlegend wandeln sollte.

Carol war bereits an die zwanzig, als ich sie kennenlernte. Sie lebte in einem kleinen Pferch. Wie so viele Esel schien sie eine Art übrig gebliebenes Anhängsel zu sein, ein Sonderling. Esel gelangen aus allen möglichen Gründen auf eine Farm. Mal tauscht sie jemand für ein altes Pferd ein oder für etwas Heu. Mal läuft ein Farmer einem solchen Tier über den Weg und wird von Mitleid erfasst oder denkt, irgendwann könne ihm dieser Esel noch nützlich sein.

Manchmal haben Esel Glück und landen auf einer reichen Pferdefarm. Dort leisten sie den Pferden Gesellschaft, bekommen etwas vom guten Heu und Getreide ab und werden sogar in beheizten Ställen einquartiert. Aber die meisten Esel haben ein anderes Schicksal. Esel leben schon ebenso lange an der Seite des Menschen wie Hunde, vielleicht sogar länger, aber im Vergleich zu den Hunden haben sie es nicht ganz so gut verstanden, sich den Weg ins menschliche Herz zu bahnen. Ihre Geschichte und die Behandlung, die ihnen meist zuteilwird, zeugen nicht gerade von der Generosität und Barmherzigkeit des Menschen.

Der Farmer konnte sich nicht einmal mehr daran erinnern, wie Carol einst zu ihm gekommen war, aber in den ganzen sechzehn Jahren, die sie bereits in seinem Besitz war, hatte sie Tag für Tag in jenem Pferch gestanden. Hin und wieder warf er ein bisschen Heu über den Zaun und füllte die rostige Badewanne mit frischem Wasser, aber die meiste Zeit fristete Carol ihr Dasein mit Gestrüpp und Baumrinde, Regenpfützen und Wasser aus einem trüben Bächlein, das durch ihr Gehege floss. Zweimal im Jahr kam ein Hufschmied vorbei, um ihr die Hufe zu schneiden.

Der Farmer war ein viel beschäftigter Mann; er räumte ein, nur selten einmal an Carol zu denken. Auf einer Farm leben Tiere nicht als Hausgenossen; sie müssen ziemlich zäh sein. Besonders zäh sind dabei Esel – sie halten es sehr lange mit ganz wenig aus.

Die Vorstellung, dass Carol Jahr um Jahr in diesem winzigen, zusammengeschusterten Holzverhau zubrachte, ging mir nicht wieder aus dem Kopf und bescherte mir einen ersten Anflug von Mitgefühl, auch wenn meine Reaktion zunächst nur darin bestand, ihr bei jedem Farmbesuch ein paar Äpfel mitzubringen; zu viel mehr reichte mein Mitleid damals noch nicht. Ich war durch andere Dinge abgelenkt und viel beschäftigt, ich hatte ein Kind und überhaupt Sorgen aller Art. Das Leben eines Esels schien mir sehr fern und fremd zu sein.

Carol war weder gutmütig noch eine stille Dulderin, und so wollte sie sich nicht die Hufe schneiden lassen. Irgendwann ging der malträtierte Hufschmied dazu über, ihr vor der Prozedur einen Apfel mit einem Betäubungsmittel zu geben. Trotzdem schaffte sie es immer, ihn wenigstens einmal zu beißen oder zu treten. Das erzählte mir der Farmer, damit ich in ihrer Nähe auf der Hut blieb. »Sie hat sanfte Augen«, sagte er, »aber sie ist nicht sanft.« Vielleicht liegt es ja daran, dachte ich, dass er sie über all die Jahre in jenem Pferch allein gelassen hat.

Carols Gehege lag gleich neben der großen Weide, auf der ich mit meinem Hund das Schafehüten erlernte, und so fiel mir oft auf, wie sie mich anstarrte. Das nervte mich. Sie schien mir etwas mitteilen zu wollen, aber da ich mein ganzes Leben lang nicht in die Nähe eines echten Esels gekommen war, hatte ich keine Ahnung, was es wohl sein konnte.

Ich hatte Mitleid mit ihr – in der Art, wie Großstadtpflanzen aus der Mittelschicht eben Mitleid mit Tieren haben, die draußen in der wirklichen Welt ihr naturgegebenes Dasein zubringen. Wir können einfach nicht anders, als ihnen Gefühle in den Kopf zu dichten. Ich nahm einfach an, dass Carol Hunger hatte und einsam war, wie sie da in ihrem Pferch stand und mich anstarrte.

Als ich ihr zum ersten Mal Äpfel mitbrachte, schlenderte ich, die Taschen mit ein paar großen roten und saftigen Früchten gefüllt, zu ihr hinüber. Carol beugte sich über den Zaun, schnappte sich den ersten Apfel – und meinen Daumen beinahe gleich mit – und zermahlte ihn methodisch und mit großem Appetit. Mein Hund stand im Hintergrund, starrte auf Carol und versuchte zugleich, die ganz in der Nähe grasenden Schafe nicht aus dem Blick zu verlieren.

Ich griff nach dem nächsten Apfel, aber Carol hatte nicht die Absicht, geduldig zu sein. Sie brach geradewegs durch den Zaun, zog Drähte und Pfosten hinter sich her, legte die Ohren an und ging auf meinen völlig verängstigten Hund los, der sich schleunigst bis ans andere Ende der Weide entfernte. Die Schafe brauchten keine Extraeinladung, um sich davonzumachen – sie schlugen die entgegengesetzte Richtung ein. Dann kam Carol auf mich zu, riss mir den Apfel aus der Tasche und begann die übrigen Taschen nach weiteren Früchten abzusuchen.

»Hey, hey!«, sagte ich, denn ich war nicht sicher, welche Kommandos man einem Esel gab. Es war eine schockierende Entdeckung: Wenn Carol es gewollt hätte, hätte sie an jedem beliebigen Tag durch diesen Zaun brechen können, all die sechzehn Jahre lang. Hier bekam ich zum ersten Mal eine Lektion in Eseldenken. Die wichtigste Regel im Ethos eines Esels lautet: Alles geschieht nach seinem eigenen Willen.

Der verärgerte Farmer brauchte eine Weile, bis er Carol wieder im Pferch hatte (er schaffte es schließlich mit einem Brotlaib), und gab mir unmissverständlich zu verstehen, ich solle sie künftig in Ruhe lassen.

Dazu war ich natürlich nicht imstande. Jedes Mal, wenn ich zum Schafehüten kam, brachte ich Äpfel und Mohrrüben mit. Oft kletterte ich mit den Leckereien zu ihr in den Pferch, sodass sie keinen Grund hatte, noch einmal auszubrechen.

Es gibt Menschen, die sich leidenschaftlich für die Rettung von Tieren einsetzen. Ich gehöre nicht zu ihnen. Ich glaube, dass solche Tierrettungen für mich in gewisser Hinsicht zu intensiv sind, zu schwierig. Vielleicht ist das ein Grund dafür, dass ich glückliche, gesunde und gut genährte Arbeitshunde so liebe. Ich unternehme gern etwas mit ihnen; ich mag es, wie sie ganz unkompliziert in mein Leben eintreten und meinen Weg begleiten.

Aber ich verliebte mich in Carol, dieses grantige, unabhängige Geschöpf. Ich machte mir Sorgen um sie, wollte ihr helfen. Indem ich sie gut behandelte, tat ich etwas für mich selbst – etwas ganz und gar Eigennütziges. Es nährte etwas in meinem Innern.

Auf ihre eigene Art war mir Carol durchaus zugetan. Sie mochte es, wenn ich die Innenseiten ihrer Ohren rieb oder sie neben den Nüstern kraulte. Allerdings ließ sie sich von mir nicht bürsten, und wenn ich keinen Apfel dabeihatte, senkte sie den Kopf und stieß mich in die Seite oder in den Hintern. Carol machte mir keine Illusionen über die Art unserer Beziehung – sie wollte die Äpfel, und wenn ihr danach zumute war, durfte ich ihr vielleicht ein wenig Zuneigung zeigen. Vielleicht aber auch nicht. Esel sind nicht käuflich oder bestechlich, man kann sie nur besänftigen.

Und was Carol betrifft … Nun ja, sie war nicht besonders freundlich. Sie hätte nicht in eine dieser niedlichen Eselgeschichten aus Comics oder Filmen gepasst. Manchmal war man gezwungen, den Gedanken, dass es sie gab, mehr zu mögen als Carol selbst. Hier bekam ich vielleicht eine erste Ahnung davon, welch seltsame Wege das Mitgefühl geht – wir neigen dazu, es für Menschen und Tiere zu empfinden, die wir gernhaben, aber es ist schwer, es für Menschen oder Tiere zu fühlen, die wir nicht leiden können.

Immer wenn ich dort draußen Schafe hütete, kam Carol an den Zaun und schob ihren Kopf über die Absperrung. Ihre Ohren kreisten wie Radarantennen, und sie schaute mich aus ihren großen braunen Augen schwermütig an. Irgendwie schien es so, als wäre ich ihr Mensch und sie mein Esel, auch wenn ich damals in einer Vorstadt in New Jersey lebte, wo Esel in niemandes Leben irgendeine Rolle spielen.

Etwa ein Jahr nachdem ich Carol kennengelernt hatte, erwarb ich eine Farm im Norden von New York. Ich taufte sie auf den Namen »Bedlam Farm« und kaufte auch gleich noch einige der Schafe hinzu, mit denen ich das Hüten gelernt hatte. Nicht allein, dass ich vor Carol noch nie einem Esel begegnet war – ich hatte bis dahin auch noch nie eine Farm betreten. Ich war in Providence (Rhode Island) aufgewachsen und hatte später in New York, Dallas, Boston, Washington und Baltimore gelebt, ehe ich schließlich in den Bundesstaat New Jersey gezogen war. Nach meinen Plänen sollte die Farm ein Versuchslabor für meine eben erwachte Leidenschaft sein: Ich wollte über Hunde, andere Tiere und das Landleben im Allgemeinen schreiben. Bedlam Farm bestand aus knapp vierzig Hektar Land, einem alten Bauernhaus aus der Bürgerkriegszeit, vier Ställen und jeder Menge eingezäunter Weideflächen. Es war ein guter Ort für Schafe und ein Paradies für Esel, obgleich ich nicht vorhatte, mir einen anzuschaffen. Von Farmern hatte ich gehört, Esel seien wunderbare Wächter, die Kojoten und andere Raubtiere von den Schafen fernhielten. Aber ich hatte schon genug damit zu tun, auf meiner neuen Farm klarzukommen, denn die ersten Blizzards dieses schrecklichen Winters hatten eingesetzt. Als der Transporter mit meinen neuen Schafen eintraf, lenkte ihn der Fahrer rückwärts auf die Weide und öffnete die Türen.

Das erste Geschöpf, das hinaussprang, war Carol. Sie blickte voller Verachtung um sich, schnaubte, trat eines der Schafe beiseite und stupste ihre Schnauze gegen meine Tasche. Der Fahrer reichte mir eine Notiz des Farmers: »Hier ist Carol. Da Sie sie so mögen, können Sie sie auch versorgen.«

So begann mein Leben mit Carol. Von Anfang an war sie das gebieterischste Wesen, das mir je begegnet war, unter Menschen wie unter Tieren. In heißen Sommern liebte sie es, im großen, schattigen Stall herumzuhängen. Sie konnte ihr Glück kaum fassen – sie hatte jetzt hektarweise Weideland zum Herumspazieren und so viel Gras und frisches Wasser zur Verfügung, wie sie es sich nur wünschen konnte.

Carol war schon eine ältere Eselin, und sie hatte jahrelang draußen gelebt, ohne ein Dach über dem Kopf und ohne gutes, nahrhaftes Futter. Ich sah, dass sie hinkte, und ließ einen Tierarzt kommen, der sie unter die Lupe nehmen sollte. Carol wollte sich nicht untersuchen lassen. Sie drängte den Tierarzt gegen die Wand, versuchte ihn zu beißen und schubste ihn beinahe durchs Fenster. Wir mussten sie mit Stricken an der Stallwand festbinden. Sie hatte eine lange Liste an Gebrechen, angefangen von Hufrehe, einer schmerzhaften Erkrankung, bei der sich die Hufe zersetzen, bis hin zu geschwollenen Gelenken und entzündetem Zahnfleisch. Wie der Tierarzt sagte, litt sie große Schmerzen, und so gab er ihr mehrere Infusionen und reichte mir einen Packen langer Spritzen, die ich ihr später am Tag in den Hintern jagen sollte. Dann verabschiedete er sich.

Als ich an jenem Abend hinausging, um ihr die Medikamente zu verabreichen, erhielt ich eine weitere wichtige Lehrstunde in Eseldenken. Sie können nämlich unsere Absichten erkennen. Wenn ich hinausging, um Carol einen Apfel zu bringen, stand sie lammfromm am Gatter. Hatte ich jedoch Spritzen oder Medikamente in der Tasche, machte sie sich sofort aus dem Staub. In jener Nacht waren es beinahe minus dreißig Grad, und ein dickköpfiger Mensch und ein dickköpfiger Esel hatten auf der hügeligen Weide meiner Farm eine spektakuläre Auseinandersetzung. Carol rannte durch den eisigen Wind davon, humpelte und stolperte einen Hügel hinauf, während mein Border Collie Rose und ich die Verfolgung aufnahmen. Eine Stunde später fing ich sie auf der Hügelkuppe ein und stach ihr die Spritze in den Hintern, während sie mich hügelabwärts zerrte. Ich zog mir in jener Nacht an drei Fingern Erfrierungen zu. Ich lernte, was man tun muss, um einem Esel eine Spritze zu verabreichen: Man sperrt ihn in eine kleine Box mit einem Eimer voll Korn, verbirgt die Spritze vor seinen Blicken und sticht zu, wenn er gerade ein volles Maul hat.

Trotz all ihrer Gebrechen erteilte mir Carol weiterhin Esellektionen.

Eine davon war die Gatterlektion. Wenn man einen Esel hat, bringt ein normales Gatter gar nichts. An meinem hing eine Kette, die man, wenn man es schließen wollte, um den Pfosten schlang. Carol liebte es, Tore und Türen und Fenster zu öffnen; für sie war das ein Kinderspiel. Ich brauchte eine Weile, um herauszubekommen, wie sie es machte: Erst schaute sie mir dabei zu, wie ich das Gatter zusperrte, dann schob sie ihren Kopf über den Zaun und löste die Kette, und schon schwang das Tor auf. Zweimal musste ich bei meiner Rückkehr auf die Farm feststellen, dass nicht nur das Gatter offen stand, sondern auch die Hintertür des Bauernhauses – es machte Carol Spaß, nach dem Knauf zu schnappen und ihn zu drehen. So gelangte sie in die Küche, öffnete die Schränke und mampfte Brot und Frühstücksflocken. Und es war gar nicht einfach, sie wieder aus der Küche herauszubekommen, mochte ich auch noch so laut mit den Füßen aufstampfen und herumschreien.

Verscheuchen konnte ich sie nur, indem ich ein paar Töpfe oder Pfannen gegeneinanderschlug; das erschreckte sie. Esel mögen keine lauten Geräusche. Carol spazierte so ziemlich an allen Orten umher, die ihr gerade zusagten, bis ich mir für teures Geld Riegel anschaffte, die man von innen nicht aufmachen konnte.

Allerdings lehrte mich Carol auch eine ganze Menge über die Liebe – oder zumindest über jene spezielle Weise, auf die Esel lieben.

Carols Hufe und ihre Gesundheit im Allgemeinen waren nun erst einmal durch Vitamine, spezielles Futtergetreide, Beinwickel, tägliche Spritzen (die ich ihr todesmutig verabreichte), Schmerzmittel und das beste Heu stabilisiert. In jenem Winter gab es so viel Eis und Schnee, dass sie es nicht den Hügel hinaufschaffte, auf den sie mir am liebsten entwischte, und so lernten wir uns intensiv kennen.

Ich musste jeden Abend in den Stall gehen, um Carol ihre zahlreichen Medikamente und Umschläge zu verabreichen, was mehr oder weniger eine ganze Stunde dauerte. Also machte ich einen Deal mit ihr.

Wenn ich einen Eimer mit Weizen oder Hafer oder irgendein anderes wunderbares Futter mitbrachte, erduldete sie es mit überraschender Gelassenheit, dass ich sie mit meinen Spritzen piekte und ihr Tabletten in das große, übel riechende Maul zwängte. Wenn nicht, war es von Anfang bis Ende der reinste Kampf.

Nicht dass Carol bestechlich gewesen wäre, aber als Eselin, die nur von Gras, Baumrinde und altem Heu gelebt hatte, schien sie es als gutes Geschäft zu betrachten, im Austausch gegen ein wenig aufdringliches Stechen und Stochern leckeren Hafer zu bekommen. Ich stelle mir gern vor, dass sie mir schließlich vertraute, aber ich muss auch zugeben, dass ich eine Menge gutes Getreide kaufte. Carol liebte es zu fressen; sie beschnüffelte ihr Futter, nahm es in kleinen Häppchen auf, kaute es bedachtsam durch und genoss jeden Bissen. Was war dagegen schon eine Spritze?

Ich machte noch eine andere überraschende Entdeckung. Carol liebte Musik und am allermeisten Willie Nelson. Auch ich mag Willie Nelson, und mir wurde bewusst, dass wir diese Passion teilten, als ich einmal einen Gettoblaster mit in den Stall nahm, um ein bisschen Musik zu hören, während ich mich an dem großen Eimer mit Carols Pillen und anderen Arzneimitteln zu schaffen machte.

Als *Georgia on My Mind* lief, bebten Carols Lippen (so drücken Esel Zufriedenheit aus); sie schloss die Augen und schien vollkommen ruhig und gelassen zu sein. Ich gewann diese Augenblicke lieb – der große Stall ächzte im Wind, die Katzen flitzten um die Heuballen, und Willie Nelsons raue, aber besänftigende Stimme hallte von den großen, alten Dachbalken wider.

Ich legte mir ein paar CDs mit seinen größten Hits zu – Carol mochte besonders *Good Hearted Woman*, *Momma, Don't Let Your Babies Grow Up to Be Cowboys* und *Help Me Make It Through the Night*.

Diese Stunden im Stall wurden für uns beide zu etwas ganz Besonderem. Sie lauschte Willie Nelson, der sie in einen sanften und träumerischen Zustand versetzte, und ich kaute meinen Müsliriegel, denn ich hatte das Gefühl, wir sollten gemeinsam Hafer essen. Dieses Beisammensein war schön, still und heilsam für uns beide.

Carol wurde gesunder und munterer, und ich glaube, dass sie sich auf unsere gemeinsamen Abende ebenso freute wie ich. Man nennt das wohl Eselbonding, schätze ich. Nach einer Weile begann ich, mit ihr zu reden, und es schien, als würde sie mir zuhören.

Ich lernte, Carol für ihre Integrität zu bewundern, für ihre Unabhängigkeit und schließlich für die Zuneigung, die sie mir entgegenbrachte, wenn sie sich an mich lehnte und mir erlaubte, ihr die Stirn zu bürsten und zu streicheln. Allmählich wurde Carol mir wichtig. Sie war nicht einfach ein Tier, um das ich mich kümmerte; wir hatten eine tiefe Verbindung entwickelt – auf eine Art, wie ich sie noch nie zuvor erlebt hatte. Es war anders als mit meinen Hunden oder anderen Haustieren. Es fühlte sich an wie etwas Uraltes, beinahe Mystisches.

Einige Monate nachdem Carol auf meine Farm gekommen war, erhielt ich einen Anruf von einer Frau, die mir berichtete, sie sei an der Farm entlanggefahren und habe dabei Carol beobachtet. Sie sagte, sie würde mich gerne darauf aufmerksam machen, dass Carol verhaltensgestört sei. Das Tier wisse nicht, dass es ein Esel sei; es habe keine Beziehung zu seinem »Eseltum«. Das war ein kleiner Schock für mich. Bisher hatte ich nicht groß darüber nachgedacht, aber es war absolut schlüssig. Carol hatte den größten Teil ihres Lebens allein in diesem Gehege auf der Farm in Pennsylvania zugebracht. Womöglich hatte sie noch nie einen anderen Esel gesehen.

»Aber wer sind Sie denn?«, fragte ich die Frau.

»Ich bin eine jüdische Eselspiritualistin«, sagte sie und stellte sich als Pat Freund vor. Auf ihrer nahe gelegenen Farm züchtete sie Esel, und sie schlug mir vor, ich solle bei ihr vorbeischauen und mir ihre Tiere ansehen. Vielleicht wolle ich auch gleich einen Esel mitnehmen, der Carol Gesellschaft leisten könnte. Esel seien Herdentiere, sagte sie, sie müssten mit anderen Eseln zusammen sein.

Pat kam auf die Farm; sie wurde ihrer Selbstbeschreibung hundertprozentig gerecht. Carol und sie berührten einander mit den Köpfen und kommunizierten miteinander. Ich besuchte Pams Farm und ging in ihren Stall, in dem es hübsche Esel jeden Alters gab, die um mich herumhuschten.

Einige Tage später kam Fanny zu uns, und Carol flippte aus. Sie verzog sich in den Stall und weigerte sich eine Woche lang, wieder herauszukommen. Immerhin fraß sie noch ihren Eimer Getreide und lauschte abends mit mir den Liedern von Willie Nelson.

Sie war eindeutig aus der Fassung geraten. Als sie sich wieder gefangen hatte, war sie ein anderes Tier.

Sie hatte sich tatsächlich in ihr »Eseltum« hineingefunden. Man konnte es ganz deutlich sehen. Von diesem Augenblick an waren Fanny und sie unzertrennlich; sie entfernten sich nie mehr als ein paar Meter voneinander. Jetzt wusste Carol, wer sie war. Sie war eine Eselin.

Obgleich Fanny mit Willie Nelson offenbar nicht viel anfangen konnte, gesellte sie sich abends gern zu uns und fraß an Carols Seite ein wenig Kraftfutter, während ich mich um die Wunden der alten Eseldame kümmerte – *Help Me Make It Through the Night* laut aufgedreht.

Einige Monate nach Fannys Ankunft rief mich Pat Freund an, um mir mitzuteilen, dass Fannys Schwester nun zum Verkauf stehe, und so kam auch Lulu auf die Farm. Meine Esel wurden zu einem glücklichen Dreigespann.

Im nächsten Winter sah ich Lulu und Fanny einmal allein am großen Stall stehen. Sie wirkten aufgeregt, und ich ging Carol suchen. Ich fand sie in der Ständerscheune; sie wirkte benommen, lief im Kreis herum und stieß mit dem Kopf gegen die hölzernen Wände. Carols Beine waren in letzter Zeit schwächer geworden, und jetzt fiel ihr das Stehen schwer. Der Tierarzt kam vorbei und erklärte, sie habe einen Schlaganfall gehabt. Für die meisten Tierfreunde, besonders für Besitzer von Haustieren, bedeutet Mitgefühl, dass man ein Tier am Leben erhält. Dafür verschulden sie sich bisweilen; sie ergreifen alle Maßnahmen und engagieren sich grenzenlos, um das Leben zu verlängern. Dies ist für viele Menschen schlicht und einfach die Definition von Liebe.

Als der Tierarzt Carol untersuchte, fragte ich ihn, wie man diese Lage mit dem größten Mitgefühl behandeln könne. »Oh«, sagte er und legte mir die Hand auf die Schulter, »das ist relativ einfach. Wir sollten sie einschläfern.«

Einfach? Nichts in unserer Welt ist einfach, wenn es um Mitgefühl geht. Besonders schwer zu akzeptieren ist die Vorstellung, dass es barmherziger sein kann, ein Leben zu beenden, als es zu verlängern. Aber ich willigte ein. Ich musste nicht länger darüber nachdenken.

Ich war froh, dass ich Carol ein paar großartige Jahre hatte schenken können. Sie hatte ihr Leben auf der Farm geliebt, vor allem das grüne Gras im Sommer und frisches Heu im Winter. Als ihr toter Körper am Weidetor lag, kamen Lulu und Fanny herüber, um sie zu beschnüffeln, und ich spielte Willie Nelsons Song *Blue Eyes Crying in the Rain*.

An diesem Tag regnete es tatsächlich, und ich selbst vergoss eine Menge Tränen im Regen. Aber mein Leben mit Eseln war auf den Weg gebracht.

Zwei

Simons Ankunft

An einem warmen Frühlingssonntag im April 2011
fuhr der ramponierte Transporter, der Simon auf die
Bedlam Farm brachte, rückwärts unsere steile Auffahrt hinauf. Jessica Barrett, die Tierschutzbeauftragte,
und ihr Mann Chris stiegen aus, und wir einigten uns
darauf, dass Simon erst einmal allein auf die Weide
hinter dem großen Stall sollte. Jessicas Tochter
McKenzie, die dabei geholfen hatte, Simon wieder ins
Leben zurückzubringen, war auch mitgekommen. Sie
hatte sich auf der Farm der Barretts, auf die Simon zur
medizinischen Erstversorgung gebracht worden war,
mit ihm angefreundet. Als sie ihn aus dem Anhänger
ließen, konnte er seinen Blick gar nicht von McKenzie
abwenden; es schien, als wäre sie das Einzige, auf das
sich seine gebrochenen Instinkte noch konzentrieren
konnten.

Er folgte ihr über die Weide; allerdings lahmte er bei
jedem Schritt und wirkte durcheinander. Jessica sagte,
man könne sich gar nicht vorstellen, welche Schmerzen er leide.

Wir wussten, dass wir Simon von den anderen Eseln fernhalten mussten. Diese Tiere können sanftmütig sein, aber wenn es darum geht, einem Fremden Platz zu machen oder das Futter zu teilen, sind sie durchaus auch böswillig, wenig freigebig und alles andere als nett. Pferdeartige empfangen neue Herdenmitglieder oftmals mit Tritten und Bissen, und so etwas hätte Simon nicht überstanden.

Dazu kam noch, dass er ein männlicher Esel war, und ich wusste aus meiner Zeit auf der Farm, dass diese sich anders verhielten als Stuten, die wiederum auch noch ihr Verhalten änderten, wenn männliche Esel in der Nähe waren.

Ich wusste, dass es irgendwann zu einem beachtlichen Gestoße, Getrete und Gerangel kommen würde, auch wenn Simon kastriert war. Aber im Augenblick war er viel zu schwach, um in tierischer Machtpolitik mitzumischen – ein heftiger Tritt, ein Kopfstoß oder Biss hätten ihn töten können.

Lulu und Fanny waren unzertrennlich und friedfertig, aber es würde eine Weile dauern, bis sie sich daran gewöhnt hatten, Futter, Leckereien, Weideflächen und menschliche Betreuer mit Simon zu teilen. Sie waren auch ziemlich schlau, was Transporter angeht – Esel werden nicht gerne in rollenden Vehikeln irgendwohin gekarrt, denn es bringt ihnen selten Gutes –, und so verzogen die beiden sich auf die Kuppe des Hügels und beäugten das Geschehen.

Auch wenn ich Simon bereits am Vortag gesehen hatte, war ich doch wieder schockiert über seine geschwärzte Haut, seine verdrehten, knochigen Beine, die trüben Augen und die hervortretenden Rippen. Als ehemaliger Polizeireporter habe ich durchaus einen Begriff davon, wozu Menschen fähig sind, doch Simons Anblick machte es mir auf brutale Weise einmal mehr bewusst. Am liebsten hätte ich um uns alle geweint.

Ich fühlte mich in gewisser Weise verbunden mit Simons Erfahrungen von Verlassenheit und Verunsicherung, Angst und Unbehagen. Auch ich hatte einen großen Teil meines Lebens auf diese Weise zugebracht. Ich hatte das Gefühl zu wissen, wo es Simon wehtat und was er brauchte – wie man dazu beitragen konnte, dass er sich besser fühlte.

Meine Frau Maria und ich wechselten uns dabei ab, ihm seine Medikamente zu geben, ihn zu säubern und zu füttern, ihm die Schmerzmittel zu verabreichen, die Trünke einzuflößen und die Salben aufzutragen. Aber sie war nicht ganz so von ihm berührt wie ich, und auch er entwickelte keine so starke Bindung an sie. Etwas in mir verband sich mit etwas in ihm, aber ich konnte dieses Etwas noch nicht definieren. Es war kein verstandesmäßiger Vorgang, sondern ein emotionaler. Ich wusste, dass ich ihn zurück ins Leben bringen, dass ich ihn heilen musste, um damit die besseren Seiten des Menschseins aufzuzeigen.

Die nach hinten gelegene Weide war knapp drei Hektar groß und bot das üppigste und grünste Gras auf

der ganzen Farm. Unweit des Tors stand eine über-
dachte Heuraufe, die das Futter vor Regen und Schnee
schützte und den Tieren Schatten spendete. Ein Korral
von etwa einem halben Hektar Größe umgab die Heuraufe und schloss den Bereich von der größeren Wiese
ab. Ich nutzte ihn, wenn ein Schaf lammte. Eine breite
Tür führte in den großen Stall, in den sich Simon zurückziehen konnte, wenn ihn die Fliegen plagten,
wenn es viel regnete und alles schlammig war oder
wenn es ihm zu heiß wurde und er sich im Kühlen
ausruhen wollte.

Er war zu schwach, um sich gegen die gierigen
Pferdebremsen, die das Vieh im Sommer quälen, ener-
gisch genug zu wehren. Wir befürchteten, dass Fliegen
und Maden in seine Wunden und Geschwüre eindrin-
gen könnten. Er war völlig entkräftet, und laut unserem Tierarzt hatte er Bakterien und Infektionen kaum
etwas entgegenzusetzen. Es würde Wochen, wenn
nicht Monate dauern, sein Immunsystem wieder aufzubauen.

Simon brauchte also jeden möglichen Schutz, und
seine Wunden mussten mehrmals täglich überprüft
werden. Wir kauften kiloweise dicke schwarze Salbe,
um die Insekten von ihm fernzuhalten, und etliche Tu-
ben Antibiotika. Auch bei seiner Ernährung mussten
wir vorsichtig sein. Genau wie Menschen, die unter-
ernährt oder bereits fast verhungert sind, konnte er
keine reichhaltige und üppige Nahrung vertragen. Ich
musste ihn per Hand mit Heu füttern, bis wir ihm
zutrauten zu fressen, was er für richtig hielt.

An jenem ersten Morgen brauchte Simon lange, um die etwa fünfzehn Meter vom Transporter bis zur überdachten Heuraufe zurückzulegen, und dort sackte er erschöpft zu Boden. Jessica, Chris und McKenzie verabschiedeten sich von ihm, überreichten mir einen Eimer mit Salben und anderen Arzneimitteln und fuhren davon. In einigen Wochen wollten sie wiederkommen und einen Adoptionsvertrag mitbringen – falls wir uns dafür entscheiden sollten, Simon bei uns zu behalten.

Ich glaube, Simon hatte gleich zu Beginn beschlossen, dass er weiterleben wollte. Das ist typisch Esel – harte Zeiten ertragen und einfach weitermachen. So sieht die Geschichte ihrer Art aus. An meine ersten Tage mit Simon habe ich nur noch verschwommene Erinnerungen. Maria und ich liefen den ganzen Tag über vom Haus zum Stall und brachten Wasser, Medikamente, Heu, Möhren, Äpfel, Haferkekse, Balsame, Mückensprays und Salben.

Es stellte sich heraus, dass unser Hufschmied, Ken Norman, ein groß gewachsener, schroffer, aber zutiefst sanftmütiger Mann, bereits kurz nach Simons Befreiung auf Jessica Barretts Farm gewesen war, um seine Hufe zu bearbeiten. Ken sagte, er habe kaum je ein Tier gesehen, dem man so etwas Schlimmes angetan hatte – die Hufe waren zu beiden Seiten fast dreißig Zentimeter lang herausgewachsen, und Simon habe auf den Knöcheln laufen müssen.

Jetzt kam Ken vorbei, um nach Simon zu sehen und seine Hufe ein wenig nachzuschneiden. Momentan war Simon noch zu erschöpft, um viel mehr ertragen zu können. Ich erfuhr, dass seine Beine nie wieder gerade sein würden und das Gehen für ihn immer schmerzhaft bleiben könnte. Aber er sei ein tapferer Kerl, meinte Ken, und er wolle leben.

In den ersten Tagen war ich nicht sicher, ob er es schaffen würde. Wenn Maria und ich nach draußen kamen, lag Simon meist unter der überdachten Heuraufe. Er war sanft und zutraulich und wehrte sich nicht gegen die vielen Salben und Pillen, mit denen wir ihn Tage und Wochen traktierten. Wir mussten sicherstellen, dass die Fliegen von ihm abließen, dass die Wunden ohne Infektionen heilten und dass er weiche Nahrung bekam, die kein Problem für sein abheilendes Zahnfleisch darstellte. Da er so lange auf der Seite gelegen hatte, waren ihm viele seiner Zähne buchstäblich in den Kiefer gewachsen, und man hatte sie entfernen müssen. Die meisten Vorderzähne hatte er behalten, aber das Kauen fiel ihm schwer und war noch immer schmerzhaft.

Da er kaum gehen konnte, riss ich frisches Gras ab und häufte es neben ihm an. Auch brachte ich ihm ein wenig Heu aus den im Stall gelagerten Ballen. Die ersten Tage hatte er schrecklichen Durchfall, wovon man sich rund um den Heuspender überzeugen konnte.

Simon betrachtete mich aufmerksam; seine großen braunen Augen waren immerzu auf mich gerichtet. Ich fragte mich, wie ich ihm helfen konnte. Was brauchte er?

Ich hatte seit Jahren mit Tieren zusammengelebt, hatte gesehen, wie sie geboren wurden und starben, wie sie erkrankten und wieder genasen oder auch wie sie erkrankten und nicht wieder gesund wurden. Zur Tierrettungskultur habe ich mir immer eine gewisse Distanz bewahrt. Ich sträube mich dagegen, Tiere als bemitleidenswerte und missbrauchte Geschöpfe zu sehen – diese Sichtweise ist für mich zu verengt. Aber noch nie war mir ein Fall wie Simon vor Augen gekommen: ein Tier in solch erbärmlichem Zustand, ein Tier, das derart litt. Ich spürte, wie dieser Anblick in meinem Herzen etwas umschichtete, wie er ganz tief eindrang und alten Zorn, alte Verletzungen und Ängste an die Oberfläche brachte.

Ich vermute, mein Problem mit der Rettungskultur erklärt sich teilweise daraus, dass ich mich selbst nicht gern als bemitleidenswert und missbraucht betrachte und dass ich es zu einem hohen Grad trotzdem gewesen bin. Ich habe mein ganzes Leben lang daran gearbeitet, diese Wunden zum Heilen zu bringen und über sie hinwegzukommen.

Und nun hatte ich die Wunden direkt vor der Nase; ich musste sie mit allen möglichen Pasten und Ölen und Balsamen einreiben, sie massieren, durchkneten, in Augenschein nehmen. Für mich war es eine schockierend intime Erfahrung, und sie berührte die tiefsten, die privatesten, die schmerzendsten Bestandteile meines Selbst. Simon bewirkte, dass ich auf erschütternde, zutiefst emotionale Weise mich selbst erkannte.

Ich spürte einen gewaltigen Antrieb, dieses Tier zurück ins Leben zu bringen. Dieses eine Geschöpf durften wir nicht verlieren! Es würde der unerklärlichen

Unmenschlichkeit und Grausamkeit des Menschen nicht zum Opfer fallen.

Die schlechte Behandlung von Kindern und Tieren – von in so vieler Hinsicht hilflosen Wesen – ragt aus dem breiten Spektrum menschlichen Versagens heraus.

Wenn ich flach auf dem Boden lag, im Schlamm, in den Ausscheidungen, die aus Simon herausschossen, und ihn mit der Hand mit Heu fütterte, wenn ich wegen des Geruchs und der Maden würgen musste, wenn ich die aufdringlichen Pferdebremsen verscheuchte – dann spürte ich sofort, dass ich knietief nicht nur in Simons Brüchen und offenen Wunden steckte, sondern auch in meinen.

Etwas in der Art, wie mich Simon anschaute, das intensive Fixiertwerden aus diesen großen braunen Augen, sprach zu mir. Es lag Vertrauen in diesem Blick und großes Interesse. Zuneigung vielleicht noch nicht. Ich war zu neu für ihn und zu fremd, und er war allzu zerschunden und benommen. Aber ein Teil von mir und ein Teil von ihm hatten bereits zueinandergefunden.

Wenn ich Simon heilen konnte, dann konnte er mir vielleicht auch dabei helfen, mich selbst zu heilen. Ein großartiges Geschäft.

* * *

Als Simon zwei Tage bei uns war, dachte ich an Carol zurück und erinnerte mich daran, wie gern sie Willie Nelson gelauscht zu haben schien. Ich hatte erlebt, dass Esel auf ganz ähnliche Weise die Gesellschaft des Menschen brauchen wie Hunde. Sie leben nun schon seit so vielen Tausend Jahren mit Menschen zusammen. Immer wenn ein Esel einem Menschen begegnet, sucht er zuerst nach Futter – nach einer Spende oder einem Tribut, sei es ein Keks, eine Möhre oder ein Apfel.

Aber wenn er dann mit dem Geschäft zufrieden ist, belohnt für die Zeit, die er sich nimmt, gibt er immer etwas zurück – wirklich immer. Er drückt sich an uns und erlaubt es, berührt, gebürstet oder sogar auf die Nase geküsst zu werden.

Was würden Simon und ich gemeinsam tun können? Wohin würde unser Weg führen? Wie würde unsere Geschichte aussehen? Ich fragte mich, was ich ihm jenseits von Nahrung und Medikamenten schenken konnte. Was konnten wir miteinander teilen?

Wie der Zufall es wollte, wartete der erste Teil der Antwort schon auf mich, und zwar direkt auf der Farm, in meinem Bücherregal.

Platero und ich gilt als Meisterwerk. Es ist die lyrische, ja sogar magische Schilderung des Lebens in einem abgelegenen andalusischen Dorf. Der Autor, der spanische Dichter Juan Ramón Jiménez, wurde 1956 mit dem Nobelpreis für Literatur geehrt.

Jiménez und sein sanftmütiger Esel Platero spazieren durch die winzige andalusische Stadt Moguer und über die hübschen Feldwege der Umgebung; Jiménez spricht über die Anblicke und Geräusche, die ihn berühren und inspirieren – weiße Schmetterlinge, Spatzen, ein altes Bauwerk, reife Granatäpfel –, aber auch über menschliche Emotionen wie Liebe, Angst, Wehmut und Sehnsucht.

Platero ist ein kleiner Esel mit flaumigem Fell; er liebt Mandarinen, Trauben und »die dunkelvioletten Feigen mit ihrem glasklaren Honigtröpfchen«. Er ist, so Jiménez, liebevoll und zärtlich wie ein Kind und gleichzeitig stark und robust wie ein Fels.

Jemand schenkte mir *Platero und ich*, nachdem Carol gestorben war, und in meinen Augen hatte noch kein Autor, den ich bis dahin gelesen hatte, so anmutig und liebevoll die grundlegende Dualität von Eseln beschrieben: Sie sind die sanftmütigsten und liebevollsten Tiere, aber auch die härtesten, entschlossensten und eigensinnigsten. In meinem eigenen Leben mit Tieren habe ich nie eines kennengelernt, das diesen Gegensatz deutlicher verkörpert als der Esel. Wir fordern ihm unendlich viel Arbeit ab, und sein großes Herz scheint uns die undenkbarsten Kränkungen und Grausamkeiten zu vergeben.

Für die Leute aus Moguer ist Platero wie aus Stahl, doch der Dichter berichtigt sie. Ja, aus Stahl sei er, aber »aus Stahl und Mondsilber zugleich«. Plötzlich wurde mir bewusst, dass hier von Simon die Rede war. Nur ein Geschöpf aus Stahl hatte das alles überleben können, und trotzdem schien in ihm bereits das Mondsilber durch.

Ich holte mein zerlesenes Exemplar von *Platero und ich* sowie ein paar Möhren und steuerte auf die rückwärtige Wiese zu, wo Simon mit erhobenem Kopf im Gras lag und das Tal unter ihm beäugte. Besondere Aufmerksamkeit schien er dem großen Vollmond zu widmen, der über den Hügeln aufstieg.

Er wandte sich um und blickte mich an, wie er es immer tat, wenn ich vorbeischaute, und ich meinte ein leises Iah zu vernehmen, als ich näher kam. Wahrscheinlich roch er bereits die Möhren in meiner Tasche, oder er sah eine hinausragen. Ich hatte eine Decke mitgebracht und breitete sie neben ihm aus. Dann wechselte ich seine Verbände, trug neue Salbe auf, verabreichte ihm seine Tabletten und spritzte ihm Medikamente durch eine Zahnlücke ins Maul. Ich brachte ihm frisches Heu und Wasser, suchte ihn nach Läusen und Maden ab und träufelte ihm Tropfen in die Augen.

Es war beinahe schockierend, wie duldsam Simon all dies ertrug. Ich wusste, dass mich Carol, egal ob krank oder nicht, längst quer über den Bauernhof gestoßen hätte. Wundersamerweise existierte in Simon etwas, das die Menschen liebte und ihnen vertraute. Tiere ergehen sich nicht in Selbstmitleid oder Rachegelüsten – und Esel, die die härteste Behandlung erlitten und doch ihr freundliches und anhängliches Naturell bewahrt haben, gleich gar nicht. Wenn man die brutale Geschichte der Esel und ihres Lebens im Dienste der Menschen studiert, muss man sich wundern, dass es überhaupt noch einen Esel gibt, der sich in die Nähe eines Menschen wagt. Aber das ist natürlich eine Projektion. Sie sind nicht wie wir.

Sie hegen keine Erwartungen und flirten nicht mit der Enttäuschung.

Als ich fertig mit der Behandlung war und Simon sein Heu und seine Kekse gefressen, seine Möhre geknabbert und seine Medizin eingenommen hatte, zog ich ein Leselämpchen hervor und klemmte es an mein Buch.

Ich weiß noch, dass ich sagte: »Schau mal, Simon, das hier ist eine Geschichte über einen Mann und seinen Esel. Ich komme jetzt jeden Abend vorbei und lese dir ein Kapitel vor. Ich hoffe, es gefällt dir.«

Simon und ich ließen den Blick ein Weilchen über das Tal schweifen, und ich fragte mich, was diesem geschundenen Geschöpf wohl durch den Kopf gehen mochte. Viele Menschen glauben zu wissen, was im Geist von Tieren vorgeht, aber je länger ich mit ihnen lebe, desto weniger sicher bin ich mir darüber, was sie denken. Simon war gewiss nicht bewusst, wie dramatisch sein Leben verlaufen war.

Gestern hatte er noch leiden und hungern müssen; heute nicht mehr. Er schien die Aussicht über das Tal zu genießen. Im Schatten der Futterraufe fand er ein wenig Schutz vor den Fliegen und Gnitzen. Wir legten den Stallboden mit Stroh aus und hofften, dass wir Simon, sobald er stark genug war, nach drinnen bekommen würden, aber bis auf Weiteres schien er den weichen Wiesenboden bequemer zu finden als den Beton im Stall.

In meiner Gegenwart wirkte er ganz ungezwungen. Das war jemandes Esel gewesen, dachte ich. Er war an Menschen gewöhnt und vertraute ihnen nach wie vor.

Aus dem Tal stieg eine leichte Brise auf. Wir hielten inne und sogen die Luft ein, beide ganz entspannt. Ich hatte eine Wasserflasche mitgebracht, und nun sah ich, wie Rose, mein Border Collie, vorsichtig in den Stall kam und sich dorthin setzte, um uns zu beobachten.

Rose hatte schon einige Jahre mit Eseln zusammengelebt, und sie hatte eine Menge Respekt vor ihnen und wahrte immer einen gehörigen Abstand. Auf der Kuppe des Hügels standen Lulu und Fanny am Gatter und schauten aufmerksam zu uns hinunter. Esel sind wachsame Geschöpfe, nichts entgeht ihnen. Lulu und Fanny waren zu Simon-Expertinnen geworden; sie studierten jede Minute seines Lebens und seiner Behandlung. Es würde noch viele Wochen dauern, bis man die drei zusammenbringen konnte – und auch dann nur nach einem langsamen und wohlüberlegten Prozess des Aneinandergewöhnens.

Wie seltsam das Leben doch war! Da saß ich draußen auf der Weide und schickte mich an, einem Esel, den ich kaum kannte, etwas vorzulesen.

Als wir uns alle bequem niedergelassen hatten und die Sonne hinter den Bergen unterging, las ich Simon die ersten Abschnitte von *Platero und ich* vor: »Platero ist klein, wuschelhaarig, sanft; so weich von außen, dass man meinen könnte, er sei ganz aus Watte, habe keine Knochen. Nur die Gagatspiegel seiner

Augen sind hart wie zwei Skarabäen aus schwarzem Kristall.«

Wenn der Erzähler ihn mit sanfter Stimme ruft, kommt Platero »in einem munteren Trippeltrab, der so lustig anmutet, als lachte er, umspielt von einem rätselhaften Traumglöckchenklimpern«.

So wie Jiménez und Platero ihre Reise durch das schöne Andalusien antraten, begaben Simon und ich uns auf unsere eigene Reise.

In diesem Moment hatten wir unsere erste echte Konversation, unsere ersten gemeinsamen Augenblicke. Falls Simon nicht wusste, was die Worte dieser Geschichte bedeuteten, konnte er doch zweifellos den Klang meiner Stimme deuten. Ich bin sicher, er begriff, dass ich ihn in mein Leben einlud, zu meiner Reise.

Als ich Simon die ersten Seiten von *Platero und ich* vorlas, fiel mir auf, dass er die ganze Zeit über den Blick nicht von mir abwandte. Seine geschwärzten Ohren bewegten sich, um die Worte und – wichtiger noch – die Intonation und das Gefühl hinter ihnen aufzufangen.

Ich hatte gehört und später selbst erfahren, dass man einen Esel nicht hinters Licht führen kann: Er sieht einem geradewegs ins Herz und durchschaut Täuschungen und Ausflüchte sofort. Er weiß, wohin man gehen wird, noch ehe man den ersten Schritt getan hat.

An jenem Abend spürte ich, dass Simon meine Einladung annahm. Ich war ganz aufgeregt bei dem Gedanken, dass ich mich der ruhmreichen Bruderschaft jener seltsamen Menschen anschließen würde, die die Welt durchstreiften, sie entdeckten und das Erlebte mit ihren Eseln teilten.

»Simon«, sagte ich zu ihm, »dein Name kommt aus der Bibel, und das Mädchen, das ihn dir gab, hat ihn in der Hoffnung ausgewählt, du würdest mit ihm gesegnet sein, sodass man dir nie wieder Leid zufügt.« Ich lehnte mich zu ihm hinüber und streichelte ihn seitlich am Hals. Es war eine der wenigen Stellen an seinem Körper, wo er keine Narben, Entzündungen oder infizierte Geschwüre hatte. »Ich verspreche dir, dass man dir nie wieder Leid zufügen wird.«

Drei
Simon und Bryan

Irgendwann war klar, dass Simon seine Wunden und Leiden überleben würde. Zum einen fraß er alles, was nicht niet- und nagelfest war, und sogar alles andere war vor ihm nicht sicher. Nach einigen Wochen begann sein Fell nachzuwachsen. Jeden Tag stand er ein wenig länger auf den Beinen. Er nahm brav seine Medikamente, trank sein Wasser, fraß seine Kekse und Äpfel und behielt stets die Stalltür im Blick, wartete er doch darauf, dass ich sie aufstieß und mit Leckereien und meinem Exemplar von *Platero und ich* hinaustrat.

Simon liebte das Leben, ich konnte es in seinen Augen erkennen. Er wollte weitermachen, und ich wusste ja, dass Esel zähe Geschöpfe sind – vielleicht die unverwüstlichsten Tiere der Welt. Solange er nicht irgendeine schlimme Krankheit hatte, von der wir bislang nichts ahnten, würde er sich bei guter Pflege wieder erholen.

Er fühlte sich sehr schnell wohler. Die Läuse waren tot, und die Fliegen mieden den Schattenbereich unter der Futterraufe und den Stall. Sein entzündeter

Kiefer verheilte; die Schwellung ging zurück. Er bekam Schmerzmittel für seine verdrehten Füße, und bald hatte er herausbekommen, wie er ohne die Zähne, die man ihm gezogen hatte, kauen konnte.

Sein Blick war nun klar und leuchtend, und immer hielt er ihn auf mich gerichtet. Ich erkannte sofort, dass Simon Aufmerksamkeit liebte und benötigte. Sie war für ihn wie die Luft zum Atmen; er schloss einfach die Augen und brummte wohlig, wenn man ihm die weiche Nase und die Ohren rieb.

Simon und ich wanderten durch die hübsche Stadt Moguer. Wir machten einen Halt, um die schüchterne Eselin zu besuchen, in die Platero verliebt war, und den kleinen Schäfer, der unter dem funkelnden Licht der Venus auf der Flöte spielte. Wir rochen an den Blumen im Pfarrgarten und sahen die Sperlinge aus den Bäumen auffliegen. Wir kosteten von den Pfirsichen, die Platero aus einem benachbarten Obsthain stibitzte. Wir wurden Zeugen seiner Begegnungen mit Kindern, die auf den Bauernhöfen spielten, an denen er vorbeitrottete.

Man weiß, dass Esel Kinder mögen, und auch Simon schienen die Kinder neue Energie zu verleihen; sie rührten seine Seele auf ganz besondere Weise. Ich hatte das schon bei McKenzie Barrett erlebt. Noch deutlicher wurde es in seiner neuen Freundschaft mit Bryan, einem zwölfjährigen Jungen, der ein Stück weiter hügelaufwärts wohnte.

Als Maria und ich zum ersten Mal den kleinen Wohnwagen ausgemacht hatten, der von unserer Farm aus etwa einen halben Kilometer entfernt stand, nahmen wir an, er wäre unbewohnt. Manche Fenster waren mit Sperrholz vernagelt, und von der Asbestverkleidung an den Seitenwänden waren viele Platten gesprungen oder zerbrochen. Auf dem Dach fehlten Schindeln, und die Vordertür war mit Gestrüpp zugewachsen. Am Briefkasten befand sich kein Namensschild, und das Scharnier der Klappe war zerbrochen, sodass sie zur Straße hin herabbaumelte. Wir sahen niemals Licht im Inneren des Wohnwagens, und aus dem Schornstein kam kein Rauch. Die Menschen assoziieren das Landleben oftmals mit Schönheit und Wohlstand und die großen Städte mit Armut, aber abseits der Hauptstraßen im New Yorker Hinterland und in anderen ländlichen Gebieten kann man eine aufreibende, seelenzerrüttende Armut erleben, die wirklich herzzerreißend ist.

Auf dem Lande müssen arme Menschen und Familien den Elementen auf sehr unmittelbare Weise die Stirn bieten, und besonders zermürbend ist es mitten in einem harten Winter, wenn sie darum kämpfen müssen, ihr Haus warm zu halten. Ein Nachbar schockierte uns mit der Nachricht, dass in diesem Wohnwagen fünf Personen lebten: eine Mutter und ihre vier Kinder. Der Ehemann war von der State Police abgeholt und per richterlichem Beschluss dazu angewiesen worden, mindestens einen Kilometer Abstand zur Wohnstätte der Familie zu halten.

Shirley hatte sehr zu kämpfen, und alle Nachbarn in unserer Straße steuerten, sofern sie konnten, ein wenig Brennholz, Suppe oder Kleidung bei. Auch wir halfen mit. Wie man uns erzählte, lief ihr ältester Sohn, Bryan, auf der Suche nach Arbeit die Straße auf und ab. Er war ein netter und aufgeweckter Bursche, und die Leute überlegten sich irgendwelche kleinen Gelegenheitsjobs für ihn. Unsere Nachbarn meinten, wir sollten mal nach ihm Ausschau halten.

Wir mussten nicht lange darauf warten, Bryans Bekanntschaft zu machen. An einem bitterkalten Nachmittag ging ich nach draußen, um die Tiere zu füttern. Gefrierender Regen fiel; die Straße war glatt und der Wind gnadenlos. Meine Augen begannen zu tränen, kaum dass ich das Haus verlassen hatte. Ich steuerte auf den Stall zu, um Simon zu füttern, als meine Hündin Rose plötzlich innehielt, sich umdrehte und zu knurren anfing. Das Fell auf ihrem Rücken sträubte sich, und sie lief zur Einmündung der Zufahrt. Ihre Aufmerksamkeit galt dem großen Ahornbaum, unter dem kürzlich ein paar tollwütige Stinktiere aufgetaucht waren. Ich wollte gerade zurück ins Haus laufen, um mein Gewehr zu holen – die kranken Tiere mussten schnellstens erlegt werden –, als ich hinter dem Baumstamm ein Paar Turnschuhe und magere blasse Beine hervorragen sah.

Ich konnte mir kein harmloses Szenario vorstellen, in dem zwei nackte junge Beine reglos am Straßenrand lagen, und so rannte ich alarmiert zum Baum. Als ich näher kam, sah ich, wie ein Junge, der eine

Nylonwindjacke, eine kurze Hose und Turnschuhe trug, aufsprang, mir zuwinkte und die Straße entlang davonrannte.

Ich rief ihm hinterher, er solle anhalten, weil ich mit ihm reden wolle, aber er lief einfach weiter den Hügel hinauf, bis er außer Sicht war.

Was hatte er da nur getan in seinen Sommersachen, an so einem kalten Tag? Warum hatte er im Schatten meines Ahornbaums gelegen?

In den nächsten Tagen bekam ich ihn noch ein paarmal zu Gesicht. Mir war klar, dass er in dem Wohnwagen oben am Hügel lebte. Ich konnte mir nicht vorstellen, woher er sonst gekommen sein sollte.

Eines Nachmittags schaute ich aus dem Fenster meines Arbeitszimmers und sah ihn am Gatter der rückwärtigen Weide. Simon war zu ihm hinübergegangen, und nun standen die beiden Kopf an Kopf zu beiden Seiten des Weidezauns. Ich rannte hinaus, und als der Junge mich erblickte, wollte er wieder Reißaus nehmen.

»He«, sagte ich, »warte mal! Du musst doch nicht wegrennen. Ich habe dich schon ein paarmal hier auf der Farm gesehen. Erzähl mal, was du hier machst. Und wie heißt du eigentlich?«

Der Junge schien mich abzuschätzen. Er war gut aussehend, dünn, lang aufgeschossen und hatte einen braunen Haarschopf. Er schaute mir in die Augen und hielt meinem Blick stand. »Ich heiße Bryan«, sagte er. »Entschuldigung, ich bin wegen Ihrem WLAN gekommen.« Bryan griff in seine Hosentasche und zog einen iPod hinaus. Sein Großvater hatte ihn ihm zu Weihnachten geschenkt. Der Großvater lebte in North Carolina, und Bryan hatte ihn noch nie gesehen, aber er schickte jedes Jahr zu Weihnachten ein Geschenk. Beim letzten Mal war es ebendieser iPod gewesen, und Bryan mochte ihn sehr. Das Ding war cool, aber der Großvater hatte nicht gewusst, dass Bryans Familie kein Internet hatte und er keine Musik herunterladen konnte. Dann hatte der Junge meine Satellitenschüssel gesehen, und so hatte er sich an der Straße hinter dem Baum versteckt.

Aber warum, fragte ich, musste er sich verstecken?

»Meine Mutter sagt, wenn man anderer Leute WLAN nutzt, dann ist das wie Stehlen. Es tut mir leid. Ich kann sonst überhaupt keine Musik mehr hören, das macht mich verrückt.« Bryan entschuldigte sich noch einmal und bot mir an, zum Ausgleich für das WLAN ein paar Arbeiten auf der Farm zu verrichten.

Ich sagte, er könne das WLAN gern nutzen, wann immer er wolle; es mit ihm zu teilen koste mich schließlich nichts. Aber ob er nicht lieber mit ins Haus kommen wolle, wo es wärmer sei? Er könne ja kurz seine Mutter anrufen und sie um Erlaubnis bitten. Seine Mutter kannte ich schon; sie kam oft vorbei, wenn sie ihren Hund nicht finden konnte. Den Hund kannte ich auch. Er war hinter dem Wohnwagen an einem Baum angebunden, den ganzen Tag über und oftmals auch nachts, selbst bei Regen und Schnee. Manchmal riss er sich los oder kaute seine Leine durch. Maria und ich brachten ihn dann zurück.

Auf dem Land geht es zwischen Kindern und Erwachsenen nicht so verkrampft und misstrauisch zu wie in der Großstadt oder den Vororten. Als ich noch in New Jersey gelebt hatte, hätte ich niemals einen Jungen ins Haus gebeten, aber hier kümmert man sich um seine Nachbarn, und wenn die Kinder den Schulbus verpasst haben oder die Eltern vergessen, sie nachmittags abzuholen (ja, das passiert), kommen sie vorbei und bitten um Hilfe. Und die gewährt man dann auch.

Bryan aber wollte nicht mit ins Haus kommen, und ich drängte ihn nicht weiter. Er sagte, er trage das ganze Jahr über kurze Hosen, und eine Winterjacke brauche und wolle er gar nicht. Auch hier redete ich nicht weiter auf ihn ein. Und trotzdem wollte ich nicht, dass er da draußen in kurzer Hose herumlag und fror. So vereinbarten wir einen Kompromiss: Wann immer er wollte, durfte er in einen der Ställe gehen, wo es wärmer war, und iTunes aufrufen, sooft ihm danach war. Diese Idee gefiel mir gar nicht so schlecht. Ein neuer Verwendungszweck für die alten, wunderbaren Scheunen und Ställe.

Er fragte mich nach dem Namen des Esels, und ich erzählte ihm Simons Geschichte. Überrascht sah ich, wie ihm Tränen das Gesicht hinabliefen.

»Ich habe eine Idee«, sagte ich. »Simon könnte ein bisschen Besuch gebrauchen, und er mag Kinder. Wie wär's, wenn du ihn jeden Morgen bürstest – zum Ausgleich für das WLAN?« Simon hatte immer noch wunde und raue Stellen, aber man konnte ihm gut die Stirn, den Hals und einen Teil des Rückens bürsten.

Bryans Miene hellte sich bei diesem Vorschlag auf, und ich nahm ihn wieder mit in den Stall. Wir suchten uns eine Bürste, und ich öffnete die hintere Stalltür. Simon stand unter dem Dach der Futterraufe. Mir fiel auf, dass er jetzt häufiger stand. Seine Beine wurden allmählich stärker, und sein Gleichgewichtssinn kehrte zurück.

Ich zeigte Bryan, wie man Simons Wunden überprüfte, und sagte ihm, er dürfe die wunden Stellen und die geschwärzte Haut nicht berühren. Dann trat ich ein paar Schritte zurück. Simon schaute mich an, stellte die Ohren auf und wandte sich dann dem Jungen zu. Er schien begeistert zu sein vom Anblick des Kindes, ganz so, als würde er es wiedererkennen. Er stieß ein sanftes Iah aus – eigentlich mehr ein Flüstern, denn er hatte seine Stimme noch nicht zurückgewonnen. Vielleicht dachte er ja an den Jungen auf seiner alten Farm, der ihm Futter gebracht hatte.

Ich fragte Bryan, ob er mit Eseln vertraut sei. Er schüttelte den Kopf; Simon sei der erste Esel, den er jemals gesehen habe. Trotzdem war er völlig ungezwungen. Dorfkinder sind nicht so distanziert wie Kinder aus der Stadt. Sie haben ständig Tiere um sich und nähern sich ihnen oft. Ich konnte mir vorstellen, dass Bryan in seinem Leben schon viel herumgestromert war und sich mit Tieren aller Art wohlfühlte.

Esel merken so etwas. Mir war bereits aufgefallen, dass sie launisch reagieren, wenn Stadtmenschen und

deren Kinder sich ihnen furchtsam und vorsichtig nähern. Sie spüren ihr Unbehagen sofort und werden
dadurch oft selbst misstrauisch. Simon mochte Bryan
und begriff, dass er ein Freund war; vielleicht spürte
er sogar, dass auch der Junge ein wenig Heilung
brauchte.

Jeden Morgen, nachdem ich Simon besucht und gefüttert hatte, konnte ich miterleben, wie er zur Straße
hin Ausschau nach Bryan hielt, der auf dem Weg zum
Schulbus meist vorbeischaute. Gewöhnlich machte
Bryan, wenn er den Hügel herabrannte, einen Schlen-
ker zum Gatter und rief nach Simon. Manchmal hatte
er ein Stück Apfel für ihn dabei. Am Nachmittag stieg
Bryan den Hügel wieder hinauf, bog in unsere Auffahrt ein und winkte mir zu, wenn ich im Arbeitszimmer saß. Er entriegelte das Tor, spazierte durch den
Stall und trat zur anderen Seite hinaus auf Simons
Weide.

Bryan holte seinen iPod hervor, ging auf iTunes und
lud sich Musik herunter – ich hatte ihm als Vorschuss
für seine Arbeit mit Simon einen iTunes-Gutschein be-
sorgt. Während des Downloads sprach er mit Simon
und striegelte ihn sorgfältig. Simon hörte aufmerksam
zu und schaute Bryan an, als wollte er jedes einzelne
Wort aufsaugen. In den Überlieferungen über Esel
wimmelt es von Geschichten über die Liebe, die Esel
und Kinder füreinander empfinden. In der Kabbala
erklärt ein alter Rabbi, dass Gott die Esel zu Wächtern
der Kinder gemacht habe, denn Kinder seien rein und
mit Liebe und Gefühlen erfüllt – noch nicht so schlecht,

verdorben und missmutig, wie es ihre Eltern oft sind. Der Rabbi sagt, Esel seien heilige Boten Gottes, und Kinder und Esel könnten miteinander sprechen.

Genau dies erlebte ich auf meiner Farm. Wie die meisten Jungen in seinem Alter unterhielt Bryan sich nicht besonders gern. Seine Mutter hatte ihm gesagt, dass ich berühmt sei und er mich nicht behelligen solle. In meiner Gegenwart war er nie ganz locker, obwohl wir uns immer mehr mochten und respektierten.

Doch wenn ich auf der anderen Seite des Zufahrtsweges in meinem Arbeitszimmer saß, vernahm ich ein beständiges Gemurmel – Bryan konnte kaum wieder aufhören, mit Simon zu reden. Und wenn ich hochschaute, sah ich, wie die beiden ihre Köpfe zusammensteckten, Verschworene eines Rituals, zu dem ich nicht eingeladen war. Bald liebte ich es, Bryan und Simon zusammen zu sehen. Manchmal schlug Bryan seinen Brüdern und Schwestern vor, mitzukommen und Hallo zu sagen, aber sie waren zu schüchtern und nicht interessiert.

Ich begriff, dass Simon die bedürftigen, vielleicht zerbrochenen Teile in Menschen zum Schwingen brachte. Als ich eines Nachmittags nach draußen ging, um Bryan zu begrüßen, hielt ich an der Stalltür inne. Ich wollte nicht in ihr Gespräch hineinplatzen, allerdings war ich auch etwas neugierig.

Bryan erzählte Simon offenbar von seinem Vater. Dass eine einstweilige Verfügung gegen ihn erlassen worden sei. Eines Nachts hatte er betrunken ein Gewehr abgefeuert, und nun durfte er nicht mehr zu

Besuch kommen. Bryan sagte zu Simon, dass er seinen Vater vermisse. Eigentlich hatten sie gemeinsam auf die Jagd gehen wollen, aber nun sah es so aus, als würde das niemals zustande kommen.

Bryan erzählte Simon auch von der Schule, von der Fußballmannschaft und von einem Englischlehrer, den er verabscheute und der ihn seinerseits hasste.

Simon schnaubte als Antwort; er schien aufmerksam zuzuhören. Allzu leicht projiziert man seine eigenen Gedanken auf ein Tier, aber er sah wirklich teilnahmsvoll aus – mir fällt kein anderes Wort ein, das Simons Verhalten beschreiben könnte. Und falls auch Bryan es so wahrnahm, war es für beide ein großes Geschenk. Ich wusste, dass Bryan diese Geschichten nicht mit mir teilen wollte, und das respektierte ich. Tiere sind die besten Zuhörer der Welt. Es ist einer der Gründe, weshalb so viele Menschen sie lieben.

Ich öffnete die Tür und trat auf die Weide hinaus; Simon iahte mir leise entgegen. Eigentlich war sein Ruf nur ein schwaches Quietschen. Bryan unterbrach sein Bürsten nicht. Er erzählte mir, dass er nun fünfzig Titel auf seinem iPod habe, und dankte mir für das WLAN. Ich fragte mich, ob Bryan seinen Job bald aufgeben würde, wo er doch jetzt an seine Musik gekommen war.

Ich hätte unbesorgt sein können. In den nächsten drei Monaten kam Bryan zweimal täglich vorbei. Einmal, als er krank war und nicht zur Schule ging, erschien er sogar in Bademantel und Schlafanzug, um mit Simon zu reden und ihn zu striegeln.

Eines Tages aber kam Bryan nicht. Simon wartete stundenlang am Gatter. Als es dunkel wurde, war mir klar, dass der Junge nie wiederkommen würde.

Am nächsten Tag fuhr ich den Hügel hinauf bis zum Wohnwagen. Er stand leer; die Familie war ausgezogen. An der Tür war ein Schild befestigt: ZU VERKAUFEN. Ich vernahm ein Bellen und ging um die Ecke, wo ich den Hund vorfand. Er war an seinen Baum angeleint, auf dem Boden lag Trockenfutter verstreut, und der dreckige Wassernapf war beinahe leer. Bryans Mutter hatte daran einen Zettel mit meinem Namen hinterlassen.

Sie habe einen anderen Mann kennengelernt, schrieb sie mir, einen guten Christen, und sie seien in eine Kleinstadt südlich von Albany gezogen. Hierher würden sie nie wieder zurückkehren. Danke dafür, dass Sie so gut zu Bryan waren, schrieb sie mir – und ob ich mich in seinem Namen von Simon verabschieden könne? Er habe diesen Esel ja so geliebt. Oh, und noch etwas. In ihrem neuen Zuhause seien keine Hunde erlaubt. Ob ich ihren Hund mit auf die Farm nehmen und für ihn sorgen könnte? Und wenn nicht, könnte ich vielleicht ein anderes Zuhause für ihn finden?

Der Hund, ein fünfjähriger Golden Retriever namens Jake, war völlig verwahrlost. Er hatte verfilztes Fell und bellte wie verrückt. Ich fand für ihn ein neues Zuhause bei einer Familie, die ein Stück weiter hügelabwärts wohnte, aber später erfuhr ich, dass er sich losgerissen hatte und von einem Auto überfahren worden war.

Simon sollte Bryan niemals wiedersehen, aber jeden Nachmittag wartete er darauf, dass der Junge den Hang hinaufgestiegen kam. Simon vergaß nie, nach ihm Ausschau zu halten.

Vier

Simons erstes Zuhause

Als Simon von dort, wo man ihn derart vernachlässigt hatte, fortgebracht worden war, hatte der Farmer der Polizei gesagt, eigentlich sei es gar nicht sein Esel – er habe ihn nur aus Gefälligkeit von jemandem übernommen, der ihm zwei Pferde verkauft hatte und das Tier nur für kurze Zeit bei ihm lassen wollte. Der Farmer meinte, Simon sei schon damals in schlechter Verfassung gewesen, und am Zustand des Tieres trage er nicht wirklich Schuld.

Ich wusste nicht, ob diese Geschichte stimmte. Es kam häufiger vor, dass jemand bei irgendwelchen Geschäften oder als Teil eines Tauschhandels einen Esel mit ablud. Was mir aber zu denken gab, war Simons auffällige Zuneigung zu Menschen und sein Grundvertrauen, besonders in Kinder. Ich war überzeugt, dass Simon einmal ein Familienesel gewesen war, sehr wahrscheinlich auf einer Farm. Vielleicht hatte man ihn als Wächter eingesetzt, der die Schafe beschützen sollte. Vielleicht hatte er Brennholz gezogen oder einem Pferd Gesellschaft geleistet. Vielleicht war er ein

Esel für Kinder gewesen, die auf ihm übers Farmgelände ritten.

Ich wollte das herausfinden. Wie man der Polizei gesagt hatte, stammte der Esel aus Maplewood, Vermont. Vermont grenzt direkt an jenen Teil des Staates New York, in dem ich lebe. Ich hatte schon in mehreren großen Städten als Reporter gearbeitet, da sollte ich es doch schaffen, eine Farm in Vermont ausfindig zu machen.

Ich war noch nicht ganz darauf vorbereitet, den Farmer wiederzusehen, den man wegen Tierquälerei angeklagt hatte; sein Gerichtstermin war erst in einigen Wochen, und ich beschloss zu warten, bis alles vorbei war. Mehrere Leute hatten mich davor gewarnt, Kontakt zu ihm aufzunehmen. Sie hielten es für keine gute Idee, sich ihm nach seiner Verhaftung zu nähern.

Trotzdem wusste ich, dass ich es eines Tages tun musste. Ich begann zu verstehen, dass Simon eine Reise in Gang gebracht hatte, und zwar im buchstäblichen wie im übertragenen Sinne. Natürlich war ich auch einfach neugierig; ich wollte etwas über Simon erfahren, und doch kam ich immer wieder auf die Sache mit dem Mitgefühl zurück. Was war das eigentlich? Warum haben es manche Menschen und andere nicht? Warum verspüren wir so viel Mitgefühl für Tiere und so wenig Mitgefühl für Menschen? Warum ist es einmal so leicht, ein andermal so schwer?

Eines Morgens fuhr ich nach Maplewood, eine kleine bäuerliche Kommune ungefähr zwei Autostunden von meiner Farm entfernt. Es gab dort ein Café, einen Lebensmittelladen und, etwas weiter die Straße hinab, einen Fabrikhandel für Farmbedarf. Im Café und im Laden bekam ich keine einzige Information, die mir bei der Suche hätte helfen können, aber der Betreiber des Landwarenhandels sagte mir, dass es, noch ein Stück weiter die Straße runter, eine Farm mit Eseln, Pferden und Schafen gegeben habe. Sie sei allerdings schon vor mehr als einem Jahr verkauft worden.

Der Mann erinnerte sich, dass sie dort zwei Esel gehabt hatten. Die Leute seien nett gewesen – mit zwei Kindern, einem größeren Mädchen, das mittlerweile in Boston lebte, und einem kleinen Jungen, an dessen Namen er sich nicht erinnern konnte. Der Name des Farmers sei Jim Tunney. Inzwischen arbeite er wohl als Mechaniker für den John-Deere-Vertragshändler unweit von Rutland. Die Tunneys lebten jetzt in der nächstgelegenen Stadt. Ein schlechtes Jahr für kleine Farmer.

Ich hatte das Gefühl, dass die Tunneys es sein könnten. Ich fuhr in die nächste Stadt, die eigentlich mehr ein Dorf war. Dort fragte ich mit magerem Erfolg herum, aber schließlich hatte ich in einem Tante-Emma-Laden Glück. Ich erfuhr, dass die Tunneys gleich hinter dem Einkaufszentrum der winzigen Stadt wohnten.

Ich fuhr ein bisschen umher, fand ein bescheidenes gelbes Haus und klopfte an die Tür. Hinter dem Haus befand sich ein kleiner Korral, in dem ein Pony stand. Vor der Fassade huschten zwei Katzen davon.

Eine Frau machte mir auf; sie wirkte liebenswürdig und gastfreundlich, ich schätzte sie auf Mitte vierzig.

Ich erklärte ihr, wer ich war und was ich wollte. Aus dem Wohnzimmer in ihrem Rücken drangen die Geräusche eines Videospiels, und ich erblickte einen vielleicht zwölfjährigen Jungen an einer Spielkonsole.

Ich nannte ihr den Namen meiner Website und sagte, ich könne gerne warten, bis sie sie sich angeschaut hatte. (Dieses Vorgehen nutzte ich gelegentlich als eine Art Personalausweis.) Sie rief den Jungen, Sean. Er gab mir die Hand, und ich bat ihn, www. bedlamfarm.com aufzurufen. Ich sagte, ich wisse zwar nicht, ob sie die einstigen Besitzer des Esels waren, der jetzt auf meiner Farm lebte, aber dass die Bilder verstörend sein könnten.

Die Frau stellte sich als Cindy vor und bat mich hinein. Dem Jungen sagte sie, er solle noch einen Moment warten. Jim, ihr Ehemann, sei arbeiten, und – ja, sie hatten tatsächlich ganz in der Nähe eine Farm besessen. Vor einem knappen Jahr hatten sie sie verkaufen müssen und die Esel auch, was ihnen allen das Herz gebrochen habe.

Sie hätten damals zwei Esel auf der Farm gehabt, eine Stute und einen Wallach namens Aengus.

Seans Pony konnten sie behalten, aber für die Esel hatten sie weder Platz noch Geld. Es war hart für sie; ich konnte es an der Traurigkeit in ihrem Gesicht ablesen. Sean musterte mich jetzt aufmerksam. Er fragte seine Mutter, ob er auf meine Website gehen dürfe, und sie nickte. Das Zimmer war schlicht möbliert, aber gemütlich – ein Mix aus alten Sofas und Tischen, die man gewiss von der Farm mitgebracht hatte, und neuen Dingen, die besser zum Haus passten. Mein Blick fiel auf einen Beistelltisch beim Sofa – und da stand ein Foto zweier Esel, Seite an Seite, ein kleiner mit Tüpfeln im Gesicht und ein kräftigerer mit großen Ohren und runden braunen Augen. Es war Simon, da gab es keinen Zweifel.

»O mein Gott«, sagte Sean, als er die Fotos auf meiner Website sah. »Mama, schau mal!« Die beiden klickten sich durch die Fotos, Cindy schüttelte nur den Kopf, und der Junge sah aus, als müsse er gleich anfangen zu weinen. (Tat er aber nicht.) Ich erzählte ihnen die ganze Geschichte und sagte, ich sei nicht gekommen, um sie zu erschrecken, sondern weil ich auf der Suche nach Simons Vergangenheit sei.

Cindy berichtete mir, wie die Farm untergegangen war. Sie hatten die Rechnungen nicht mehr bezahlen und kein Futter mehr kaufen können. Da beschlossen sie, das Pony zu behalten – das war zu schaffen –, aber für ihre beiden Pferde, die zwei Esel und die zwölf Milchkühe mussten sie ein neues Zuhause finden. Die Kühe verkauften sie einem Nachbarn. Die Eselstute ging auf eine Farm bei Montpelier; Cindy sagte, sie habe gewusst, dass es ein guter Ort für sie sein würde. Die neuen Besitzer wollten sie als Zuchttier haben, und es würde ihr dort gut gehen. Jim fand im Internet einen Käufer für die Pferde und den anderen Esel; er besaß eine Farm im Bundesstaat New York. Es war eine harte Zeit, sagte Cindy. Sie konnten es sich nicht erlauben, zu viele Fragen zu stellen.

Jim mochte den Mann nicht besonders, aber er war

Pferdehändler und beteuerte, er werde ein gutes Zuhause für die Tiere finden und einen Anteil vom Verkaufserlös behalten. Er war wirklich nicht nur Farmer, sondern verstand sich auch auf den Handel. Nach Jims Worten war es der beste Deal, den sie hätten machen können, und viele Optionen blieben ihnen ohnehin nicht. Simon war Bestandteil dieses Deals. Der Käufer sagte Jim, er sei zuversichtlich, dass der Esel wieder auf eine Farm kommen werde.

Cindy und Sean waren schockiert und erschüttert. Ich weiß selbst, wie schwer es ist, für ein Tier, das einem ans Herz gewachsen ist, ein neues Zuhause zu finden; man fragt sich hinterher immer, wie es ihm wohl ergehen mag. Schon unter den günstigsten Umständen musste man einen Vertrauensvorschuss leisten, und ich verstand, dass Jim unter widrigsten Umständen sein Bestes getan hatte. Es gibt nicht viele Orte, an die man ein Tier wie einen Esel umsetzen kann, und erst recht nicht in harten Zeiten, wenn die Leute im ganzen Land Esel und andere Tiere weggeben müssen.

Sie bombardierten mich mit Fragen zu Simon – wie ging es ihm jetzt, wie viel Auslauf hatte er? Sie wollten wissen, ob sie ihn besuchen dürften; sie waren so dankbar dafür, dass er jetzt bei mir auf der Farm war. Und sie fragten sich, was wohl aus den Pferden geworden war.

Cindy erzählte mir, dass Simon ein paar Jahre vor Seans Geburt auf ihre Farm gekommen war. Sie hatten ihn für ihre Tochter gekauft, die inzwischen als Webdesignerin in Boston arbeitete. Dann wurde er der Esel von Sean. Seinen Namen hatte er nach Cindys Großvater bekommen, einem Einwanderer aus Irland. Die ganze Familie hatte Aengus gemocht; von seiner Weide gleich hinterm Haus schickte er ihnen den ganzen Tag über seinen Ruf entgegen.

Als kleiner Junge war Sean auf Aengus geritten und mit ihm über die ganze Farm spaziert. Sean berichtete, dass er im Sommer manchmal bei Aengus im Stall geschlafen hatte. Sie waren auch gemeinsam in die Wälder hinter dem Bauernhaus gewandert. Aengus ließ sich gut am Halfter führen, sagte Sean. Er habe es geliebt, durch die Wälder zu streifen und dabei an Blättern und Unterholz zu knabbern.

Cindy machte mir eine Tasse Tee, und ich erzählte ihnen, was wir mit Simon vorhatten und dass wir fest entschlossen waren, ihn zu heilen. Doch ich wollte nicht zu lange bleiben. Es musste nicht gerade angenehm für sie sein.

Cindys Augen glänzten feucht, als sie mich an die Tür brachte. Sean war ganz still zu seinem Videospiel zurückgegangen. »Der Esel und er waren ihr ganzes Leben lang zusammen«, sagte Cindy. »Es war einfach nur schrecklich, als der Transporter kam und Aengus abholte. Sean hatte gesagt, er wolle dabei sein, also erlaubten wir es ihm. Vielleicht war das ein Fehler. Es war furchtbar – Aengus … also Simon … bockte und trat und schrie die ganze Zeit, als wir ihn auf den Anhänger schoben. Er wusste, was mit ihm geschah, und Sean stand weinend neben ihm und umarmte ihn. Aber was hätten wir tun sollen? Wir konnten uns das Futter für ihn nicht mehr leisten, und verhungern konnten wir ihn doch auch nicht lassen.« Es sei damals die härteste Entscheidung gewesen, die sie je zu treffen hatte. Aengus war ja wie ein Familienmitglied gewesen; er machte alles mit ihnen zusammen, außer dass er nicht zum Abendessen mit ins Haus kam. Sie hatten ihn alle geliebt.

Sie meinte, dass es für Sean vielleicht gut wäre, seinen Esel wiederzusehen. Sie werde mit Jim darüber reden. Es konnte aber auch sein, dass es für beide verstörend sein würde. Cindy dankte mir für mein Kommen. Sie würden Simons Fortschritte auf der Website verfolgen. Sie notierte sich meine Telefonnummer und sagte, sie würden mich anrufen, um einen Besuch zu vereinbaren. Auch ich dürfe sie gern anrufen, wenn sie irgendwas für Aengus tun könnten.

Ich verabschiedete mich. Manchmal weiß ich instinktiv, dass ich bestimmte Menschen nie wiedersehen werde, und so war es mit Cindy und Sean. Sosehr sie Simon auch geliebt hatten – sie würden es wohl nicht ertragen können, ihn irgendwie wieder in ihrem Leben zu haben. Er war für sie ein Teil der Vergangenheit, und sie wussten, dass er es jetzt gut hatte.

Für mich war es eine wichtige Reise gewesen. Es zerriss mir das Herz, wenn ich mir ausmalte, wie schlimm es für Simon und seine Familie gewesen war, als sie ihre Farm aufgeben und ihn fortschicken mussten. Jetzt konnte ich auch besser verstehen, warum Simon so liebevoll und zutraulich war und weshalb er Kinder so mochte.

Darüber hinaus zeigte es mir, dass manche Menschen eine Grenzlinie zogen, wenn es um Mitgefühl ging, vor allem Tieren gegenüber. Diese Familie hatte gerne einen Esel gehabt, sie liebten Simon, und sie fanden es schrecklich, ihn zu verlieren. Aber das war nur ein Kapitel ihres Lebens. Irgendwann kam der Punkt, an dem sie ihn einfach weggeben mussten; sie hatten für sich selbst zu sorgen, für ihr eigenes Leben. Auch das war eine Art von Barmherzigkeit, eine Art nüchterne Lageeinschätzung.

Mir wurde klar, dass ich begreifen musste, was mit Simon geschehen war. Ich musste mir die ganze Geschichte zusammensetzen, nicht unbedingt um seinetwillen – er war jetzt in guten Händen –, sondern weil da etwas in *mir* war, das ich entdecken und kennenlernen musste.

Es sah so aus, als bestätigte Simons Leben das Drama des Eselseins. Geliebt, zur Arbeit herangezogen, benutzt und ausrangiert. Er hatte es durchgestanden und war wiedergeboren worden, in ein anderes Leben.

Teil zwei
Anrufung des Lebens

Fünf
Anrufung des Lebens

Simon kehrte schrittweise ins Leben zurück; ganz langsam entfaltete er sich, wie eine Knospe im Frühling. Wenn ich jeden Morgen nach ihm schaute, konnte ich keinen großen Unterschied zum Vortag erkennen. Sah ich mir aber ein Foto oder ein Video aus der vergangenen Woche an, fand ich seine Fortschritte erstaunlich.

Es ist immer wunderbar mitzuerleben, auf welche Art Tiere gesund werden. Sie haben keine Therapie, keine medizinischen Geräte, keine teuren Behandlungsmethoden, und doch können sich ihre Körper auf die verblüffendste Weise selbst heilen.

Vielleicht liegt es daran, dass sie sich ihres Leidens gar nicht bewusst sind. Anders als wir Menschen wissen sie nicht, wie schlecht es um sie steht, wie sehr sie zu kämpfen haben. Sie fühlen Schmerzen und Beschwerden, aber sie verweilen nicht dabei. Für Simon, so dachte ich immer, war Schmerz einfach ein Gefühl – genauso, wie sich stark oder gesund zu fühlen. Ein Raum, der zu durchmessen war, etwas, das man annehmen und aushalten musste.

Esel folgen eingefleischten Ritualen. Sie tun Tag für Tag die gleichen Dinge auf die gleiche Weise. Inzwischen gab es zwei Trampelpfade, die quer durch Simons kleines Gehege verliefen und auf denen er jeden Tag entlangspazierte. Dabei konnte er noch immer kaum laufen. Er absolvierte seine Runden – nach rechts zum Busch, dann nach links zum herabhängenden Ast und zum Gras auf der anderen Seite.

Für mich war das eine wunderbare Demonstration seines Überlebenswillens und der heilenden Kraft der Natur. Noch vor wenigen Wochen hatten wir ernsthaft darüber nachgedacht, ihn aus Erbarmen einzuschläfern. Jetzt konnten wir es kaum erwarten, zum Stall hinauszugehen, um seine Genesung zu beobachten. Und Barmherzigkeit hatte jetzt eine andere Bedeutung.

Ich konnte den Farmer, der ihn derart vernachlässigt hatte, immer noch nicht aus dem Kopf bekommen. Was hieß Barmherzigkeit für ihn? Welchen Werten fühlte er sich verpflichtet? Wir konnten ihn festnehmen lassen, ihn im Internet an den Pranger stellen, ihm ein Bußgeld von 125 Dollar aufbrummen, und doch kam ich immer wieder auf die dunklen Fragen zurück, die noch niemand beantwortet hatte.

Was ist ein Eselleben für die Menschen wert? Mehr als ein Strafzettel? Oder weniger? Gab es irgendeinen guten Grund, ein Tier so zu vernachlässigen? Irgendeine Entschuldigung? Wenn wir Simon ein besseres Leben schuldig waren, schuldeten wir dem Farmer dann überhaupt irgendwelche Beachtung? Und sei es auch nur die Verwunderung darüber, was einen Mann, der mit Tieren lebte, so weit gebracht haben konnte?

Wie immer, wenn es um Tiere geht, wurde ich daran erinnert, dass Simon selbst gar nicht an der Debatte teilnahm. Das Schicksal fast aller Esel und vieler anderer Tiere liegt in den Händen des Menschen, und die Esel behaupten sich seit langer Zeit auf der Welt. Simon hatte nicht darum gebeten, auf seine neue Farm zu kommen, hatte nicht darum gebeten, gerettet zu werden, hatte nicht darin eingewilligt, von mir adoptiert zu werden.

Vielleicht ist es das, was unsere Entscheidungen, die mit Tieren zu tun haben, so intensiv macht, so emotionsgeladen, so angefüllt mit Zorn und Konflikten. Denn entscheiden müssen immer nur wir. Alles, was Simon tat, war zu genesen, und doch war dies am allerwichtigsten.

Tag für Tag wurden seine Augen ein wenig klarer; der Schleier und die Entzündung verzogen sich. Jetzt konnte er richtig sehen.

Seine Rippen traten nicht mehr hervor, sein Bauch begann sich zu wölben, und er wirkte nicht mehr ausgezehrt.

Das Fell auf seinen schwarz gewordenen Ohren begann wieder zu wachsen, genau wie das Fell an Schultern und Rücken.

Die wunden Stellen am Rücken heilten.

Die Schwellung am Kiefer ging zurück, was ihm wieder ein normales Kauen ermöglichte.

Seine frisch geschnittenen Hufe gaben ihm festen Halt, und er konnte wieder sicher ausschreiten.

Eines Morgens im Frühsommer öffnete ich die hintere Stalltür und vernahm einen lauten und durchdringenden Ton, der von den Wänden widerhallte. Es klang wie das Trompeten eines Elefanten. Rose bellte, und ich blieb wie erstarrt stehen.

Ich schaute zur Koppel hinüber, und da stand Simon an seiner Heuraufe, den großen Kopf vorgestreckt, die Ohren angelegt, und ließ bei meinem Anblick einen markerschütternden Schrei erschallen.

Es war ein schöner Ton. Ich rannte zurück ins Haus und schnappte mir meine Videokamera. Als ich zurückkehrte, rief Simon immer noch. Seine Kehle und seine Lungen hatten sich offensichtlich erholt. Sein Iah war nicht unbedingt musikalisch – es war laut und ging aufwärts und abwärts, hin und her, voll mit Keuchen, Husten und schiefen Tönen.

Maria kam herausgerannt. Simon schrie immer noch, und wir beide begannen ihm zu applaudieren. Ich stellte das erste Video bei YouTube ein, und die Leute mochten es. Nach ein paar weiteren Iahs sagte ich zu Maria: »Das ist eine Anrufung des Lebens.« Ich fing an, den Schrei jeden Morgen aufzunehmen und zu posten; damit begann ich meinen Tag. Simons Iah wurde zu einer Bestätigung – für mich und für viele andere Menschen.

In diesen Tönen lag etwas Fröhliches und zugleich Herausforderndes. Die geschundene Kreatur, die gerade erst wieder das Gehen erlernte, schien mich daran zu erinnern, dass ich das Leben schätzen, meine Zeit gut nutzen und Widrigkeiten mit Stärke und Anstand begegnen sollte.

Es schien, als hätte Simon an jenem Tag einen großen Sieg errungen und ihn mit mir teilen wollen. Man konnte es kaum kunstvoll nennen, und doch war es eine der schönsten Melodien, die ich je gehört hatte. Manchmal weinte ich, wenn mir sein Iah zu Ohren kam, aber viel öfter brachte es mich zum Lachen.

An dem Tag, als Simon zum ersten Mal sein Iah schrie, beschloss ich, einen kurzen Spaziergang mit ihm zu machen – aus seiner kleinen Einhegung hinaus auf die größere Wiese. Dort gab es hohes Gras, ein paar Apfelbäume, abgebrochene Äste und Gebüsch, das die Straße säumte. Die Wiese zog sich einen Hang hinauf und war eine perfekte Weidefläche für Esel.

Lulu und Fanny standen noch auf der kleineren Weide neben dem Farmhaus. Es war noch viel zu früh, alle drei Esel zusammenzubringen. Simon war weiterhin zu gebrechlich, als dass man es hätte riskieren können, dass er getreten oder gejagt wurde. Und Lulu und Fanny waren die Königinnen der Farm – gebieterisch, verhätschelt und mit großen Ansprüchen. Man hatte uns schon gewarnt, dass diese beiden starken und mächtigen Schwestern Simon einen nicht sehr warmherzigen Empfang bereiten würden. Sie hatten ein ganz anderes Leben als Simon hinter sich, waren auf einer gut geführten Eselfarm aufgewachsen und hatten ihr Leben lang frisches Heu, Kekse, Obdach und Weideflächen zum Herumstreifen gehabt.

Nach dem Mittagessen steckte ich mir einige Äpfel in die Tasche und öffnete das Gatter zu Simons Korral. Auch wenn es ihm inzwischen bedeutend besser ging, war sein Fell noch immer zerfleddert, und auf unebenem Boden kam er ins Wanken. Der Hufschmied sagte, dass ihm die Beine noch lange wehtun würden, und wir sollten darauf achten, ihn nicht zu überfordern. Ich spazierte ins Gehege, blieb vor Simon stehen und begrüßte ihn – seine Ohren waren gespitzt, und er blickte mich aufmerksam an.

Ich klopfte ihm die Schultern, wünschte ihm einen guten Morgen und ging zum Gatter seines Korrals. Ich schob es auf und stellte mich auf die andere Seite. Inzwischen hatte ich einiges darüber gelernt, wie man mit Eseln kommuniziert. Bei ihnen gibt es kein Äquivalent für das Kommando »Hier!«, auf das abgerichtete Hunde so gern reagieren. Eigentlich funktioniert bei den Eseln, die ich kenne, überhaupt kein Kommando. Es sind liebenswürdige Geschöpfe, aber sie lassen sich nicht gern sagen, was sie tun sollen, und wenn man zu erkennen gibt, dass man von ihnen wirklich etwas will, das nichts mit Futter zu tun hat, kann man sehr lange in der Sonne herumstehen.

Zum Verhängnis wird den Eseln ihre Neugier; sie ist ihre Achillesferse. Es sind intelligente Tiere, die jede Bewegung und jedes Geräusch fasziniert. Stellt man zum ersten Mal eine Gießkanne auf die Weide, wird jeder Esel sie sofort bemerken, sich ihr nähern und sie beschnuppern. Sie können nicht anders. Sie müssen wissen, was los ist. Carol brachte mir den besten Trick bei, um einen Esel zu irgendetwas zu bewegen: Man muss seine Neugier anstacheln, und er wird kommen. (Es ist überhaupt der einzige Trick, der funktioniert.)

Ich rief Simon nicht zu mir herüber und sagte nichts, was sich wie ein Kommando anhörte, ja ich schaute ihn nicht einmal an. Ich zog einfach nur eine Möhre aus meiner Tasche, begann sie zu knabbern, ging ein paar Schritte auf die Wiese hinaus und blickte in eine ganz andere Richtung. Wahrscheinlich tat ich das alles viel zu auffällig, denn Simon rührte sich nicht vom Fleck. Er schaute mich an und versuchte herauszufinden, was ich wollte. Aber er machte keinen Schritt. In der Sonne wurde es allmählich heiß, die Fliegen kreisten um mich herum, und ich wurde ein wenig ungeduldig. Ich habe nicht einmal einen Bruchteil der Geduld eines Esels, aber ich bin genauso dickköpfig. Auf dieser Ebene kommen wir zusammen.

Simon grübelte. Ich sah, wie er mich anschaute. Jedes Mal, wenn ich ihn auf seiner Weide besucht hatte, hatte ich ihm etwas zum Fressen mitgebracht – Heu, Kekse, Möhren, Äpfel. Er hielt das für ein gutes Arrangement und sah keinen vernünftigen Grund, etwas daran zu ändern. Wenn er nur lange genug stehen blieb, würde ich vermutlich zu ihm kommen. Es war schließlich nicht seine Idee gewesen, auf die große Wiese hinauszuspazieren – warum sollte er es also tun?

Nun, dafür gab es zwei Gründe, und ich war ziemlich sicher, dass es mit beiden funktionieren würde, wenn ich mich in Geduld übte. Einer war die Karotte, die ich vor seinen Augen knabberte. Inzwischen hatte er sicher auch die anderen erspäht, die mir aus der Hosentasche ragten. Er würde doch nicht untätig zuschauen, wie ich seine Leckereien verspeiste. Zweitens war er aus seinem kleinen Gehege (und davor aus seinem engen Pferch) noch nicht herausgekommen, seit er auf der Farm war. Auf der großen Wiese gab es jede Menge interessanter Dinge zu sehen: vorüberfahrende Autos, herabgefallene Äste, massenweise grünes Gras, und wer weiß, was er noch alles entdecken würde, das ich gar nicht sah.

Ich stand da, checkte meine Nachrichten auf dem Handy und aß die Möhre; dann schritt ich noch weiter auf die Wiese hinaus. Mit Lulu und Fanny klappte das manchmal, manchmal aber auch nicht.

Es dauerte ungefähr vier Minuten. Ich bemerkte, wie Simon das sanfte Gefälle hinab durchs Gatter trottete. In wenigen Sekunden stand er an meiner Seite, und ich gab ihm eine Möhre. Ich liebe den Geruch einer Wiese, und auch Simon schien ihn zu lieben. Das frische Gras duftet so süß, und ich bin sicher, dass er sich davon angezogen fühlte. In der Ferne funkelte das Dorf West Hebron in der Sonne.

Unten im Tal hatten sich Kühe über eine Weide ausgebreitet. Hinter ihnen, auf einer anderen Wiese, brachte ein großer Traktor die erste Mahd ein. Die Kriebelmücken waren schon aktiv, aber die Pferdebremsen noch nicht. Überall auf der Wiese zogen Schmetterlinge ihre kleinen Wirbelkreise, und über mir vernahm ich den einsamen und durchdringenden

Schrei eines Habichts, der auf der Suche nach Mäusen und Kaninchen war. Es ist eines der einsamsten Geräusche auf der Welt, sagte ich zu Simon, und eines der schönsten.

Wieder einmal konnte ich es nicht lassen, zu Simon zu sprechen. Ein Esel hat etwas Kameradschaftliches, das einem dabei hilft, sich zu öffnen – besonders wenn dieser Esel Simon heißt und von den Toten erweckt wurde, um ein Leben zu führen, das er rundum schätzt.

Simon kaute bedächtig auf seiner Möhre herum und betrachtete die Umgebung. Er schaute ein wenig wehmütig zu jener anderen Weide hinüber, auf der Lulu und Fanny reglos standen und ihn beobachteten. Ich verstehe das ja, sagte ich. Du fühlst dich vermutlich einsam – bist es wahrscheinlich immer gewesen, seit du deine Farm verlassen hast, deine Familie, deinen Jungen.

Natürlich war er einsam. Esel sind Herdentiere; für sich allein fühlen sie sich nie wohl. Sie werden oft dazu eingesetzt, Pferden Gesellschaft zu leisten und Schafe zu hüten, aber sie brauchen andere Esel in ihrem Leben. Ich hatte das von Carol gelernt.

Simon und ich hatten an jenem Tag etwa fünfzig Meter zurückgelegt. Ich musste darauf achten, dass er sich nicht überanstrengte. Doch falls er sich weigern sollte, zurück in sein Gehege zu gehen, hatte ich nichts in der Hand, ihn dazu zu zwingen. Selbst Halfter bringen nicht viel, wenn sich ein Esel nicht von der Stelle rühren will. Er starrt einen dann einfach an, während man zerrt und zerrt.

Ich beschloss, es auf die subtile Art zu machen. Ich drehte mich langsam um und begann in die Gegenrichtung zu laufen, zurück zum Gehege. Dort würde ich einfach ein bisschen Kraftfutter in ein Gefäß schütten, und Simon würde bereitwillig nachkommen. Ich wollte nur nicht, dass er bis auf die Hügelkuppe stieg oder dorthin trottete, wo die Mädels standen, Fanny und Lulu, die ihn immer noch unverwandt anstarrten.

Ich ging ein paar Schritte zurück und berührte meine Tasche, in der ich noch eine Möhre zurückgehalten hatte. Simon schaute zu mir hoch und ging zunächst ein paar Meter weiter, um ein Gebüsch zu erkunden und auf ein paar Blättern zu kauen. Dann machte er kehrt und kam langsam auf mich zu.

Bei vielen Tieren – ganz sicher bei Hunden und meiner Meinung nach auch bei Eseln – gibt es einen Punkt, an dem sich eine starke Bindung herstellt, einen Punkt, von dem an einer zum andern gehört und sich ein gegenseitiges Vertrauensverhältnis herausbildet. Esel sind ganz und gar loyal und dem Menschen auf ihre eigene Art zugewandte Geschöpfe. Sie lieben es, ihren Menschen zu dienen und in Verbindung mit ihnen zu treten. Und sie sind außerordentlich sensibel. Simon und ich hatten bereits einen mächtigen Bindungsprozess durchlaufen – man konnte einander kaum näher sein, als wir beide es in den vergangenen Wochen, in denen ich ihn umsorgt hatte, gewesen waren. Er hatte beschlossen, mir zu vertrauen, und als er mir zurück in den Korral folgte, war mir klar, dass er nicht etwa auf meinen Trick hereinfiel. Sicher wollte er die

Karotte, aber es war noch mehr; er wollte mit mir zusammen sein. Ich verkörperte für ihn etwas: materielle Sicherheit, Zuneigung, sein neues Leben.

Unsere Rückkehr ins Gehege war der Schlusspunkt eines dreiviertelstündigen Spaziergangs. Ich schloss das Gatter. Simon ging zum Wassertrog, um zu trinken. Wir schauten beide auf das üppige Tal zu unseren Füßen – die Aussicht von der Bedlam Farm ist wundervoll – und sahen, wie die Rinder in einem feinen Nebel verschwanden, als die Temperatur sank und Wind aufkam. Er schnaubte leise, rieb seine Nase an mir, erlaubte mir, ihn zu bürsten, und legte sich dann plötzlich völlig erschöpft nieder. Ich stellte mir vor, dass er die ganze Nacht so liegen bleiben würde. Er schaute zu mir auf, als wollte er, dass ich mich neben ihn setzte, und vielleicht war das wirklich sein Wunsch. Ich nehme an, dort draußen war es nachts einsam für einen Esel. Keine Esel, keine Menschen.

Wenn wir die Nachrichten sehen, scheint es uns manchmal, als lebten wir in einer kalten, zornigen und gewalttätigen Welt. Wenn Sie aber einen geretteten Esel haben, der Menschen mag, kommt Ihnen die Welt warm und mitfühlend vor.

Freunde, Nachbarn und die Leser meines Blogs und meiner Bücher nahmen sehr an Simons Geschichte und seiner Heilung anteil. Ich bekam Briefe von Schulkindern, Äpfel, die per UPS aus Oregon verschickt worden waren, Botschaften auf Facebook, E-Mails,

E-Cards, Blumen und Säcke voller Korn. Eselliebhaber schickten mir selbst gewebte Decken, und die Menschen aus meinem unmittelbaren Umfeld kamen mich besuchen. Simon berührte die Leute. Es gibt dort draußen in der Welt Ströme von Mitgefühl.

Simon und ich gingen nun regelmäßig spazieren. Wir folgten keiner geraden Linie – mit Eseln tut man das nie, selbst wenn man sie am Halfter führt. Ich erklärte Simon die Schmetterlinge und winkte dem UPS-Fahrer, der mit seinem Wagen die Straße zum Farmhaus hinabgebraust kam. Ich berichtete Simon davon, wie er uns fast jeden Tag Päckchen zustellte, und plötzlich war ich dabei, dem Esel das Internet zu erklären.

Scott, der UPS-Fahrer, hupte und hielt am Straßenrand. Ich stellte ihm Simon vor, und Scott winkte. Bald sollte es für mich ein vertrauter Anblick sein, wie Simon am Weidezaun stand und von Scott eine Mohrrübe überreicht bekam.

Auf einem unserer Spaziergänge bekundete Simon an verschiedenen Dingen Interesse: Am Zaun wuchsen ein paar Brennnesseln, und er ging hin, um an ihnen zu schnüffeln und ein paar zu fressen. Er war fasziniert von einem riesigen abgebrochenen Ast und beschnupperte ihn zehn Minuten lang Zentimeter für Zentimeter. Und er schien sich angezogen zu fühlen von einem großen, alten, verrottenden Baumstumpf, der aus dem Boden ragte. Einige Male hielt er inne, um etwas Gras abzureißen und es sorgfältig und bedächtig zu kauen. Mit dem Schwanz wedelte er ein paar Kriebelmücken fort. Ich hatte den Eindruck, dass er an meiner Seite bleiben wollte, doch er schenkte mir keine Aufmerksamkeit. Simon schien das Leben zu lieben; er schien es zu genießen, einen neuen Anlauf nehmen zu können. Er reagierte auf die Dinge immer so, als sähe er sie zum ersten Mal. Wenn er an einem Zweig vorüberkam, beäugte er ihn, schnupperte daran und knabberte ihn an, als wäre er das wundersamste Ding der Welt.

Beim Spazierengehen redete ich mit Simon. Es war nicht das erste Mal, dass ich das tat, aber jetzt las ich ihm nicht mehr aus einem Buch vor, um ihn zu retten, oder redete ihm gut zu, damit er weiterlebte und gesund wurde. Jetzt war unser Gespräch mehr ein Mann-zu-Esel-Ding, der uralte Dialog zwischen seltsamen Menschen und Langohren. Ich erklärte ihm, dass ich Schriftsteller sei. Ich berichtete ihm von Lulu und Fanny. Ich erzählte ihm, wie Maria und ich uns kennengelernt hatten. Ich kündigte an, ihm bald ein Halfter anzulegen. Dann würden wir Ausflüge in die Wälder unternehmen können und vielleicht sogar die Straße hinab bis in die Stadt.

Eines Tages hatte ich Rose mit hinausgenommen, und als Simon und ich auf die Wiese gingen, kam sie in unsere Nähe. Simon legte seine Ohren an und ging auf den Hund los. Ich rief Rose zu, sie solle sich davonmachen – Simon hätte sie im Handumdrehen zu Brei zerstampfen können –, und sie rannte fort. Ich stellte fest, dass Simon Hunde nicht leiden konnte und dass sie ihn ebenso wenig mochten. Rose lief zurück in den Stall und blieb dort.

Als wir später zurück im Korral waren, sagte ich: »Einen schönen Abend, Simon. Danke für den Spaziergang. Danke für deine Gesellschaft.« Ich setzte mich neben ihn und brach eine Möhre in mehrere Stücke. »Morgen«, sagte ich, »ist ein großer Tag für uns. Ich habe schon gesehen, wie du nach Lulu und Fanny geguckt hast. Und ich habe gesehen, wie sie nach dir schauen. Morgen wirst du sie kennenlernen. Ich werde sie an die Rückseite des Stalles bringen und einen Maschendrahtzaun zwischen euch aufstellen.«

Ich hatte beobachtet, wie Simon und die Mädels einander angestarrt hatten, hatte die leisen Iahs gehört, die in beide Richtungen gingen. Alle drei waren voller Erwartung, als wüssten sie schon, dass sich ihr Leben bald ändern würde.

»Auf diese Weise werdet ihr euch kennenlernen«, sagte ich zu Simon. »Du bist noch nicht so weit, mit ihnen herumzulaufen, aber wenn alles gut geht, kannst du vielleicht schon in ein paar Wochen mit ihnen auf die gleiche Weide.«

An jenem Abend las ich Simon das Kapitel »Die Freundin« aus *Platero und ich* vor.

Es ist eine traurige Geschichte, die davon erzählt, wie Platero an einer Eselin, die er liebt, vorbeilaufen muss. Sie steht hinter einem Zaun, oben auf einer Böschung. Platero möchte sie immer besuchen, aber sein

Herr sagt ihm voller Bedauern, dass er keine andere Wahl habe, als sich dem Liebesinstinkt des Esels entgegenzustellen. Plateros hübsche Geliebte sieht ihn vorüberziehen; sie ist ebenso traurig wie er, und ihre schwarzen Augen füllen sich mit Vorwürfen.

Widerwillig trottet Platero weiter; bei jeder Gelegenheit versucht er kehrtzumachen; bei jedem Schritt zerreißt es ihm das Herz.

Ich hatte gesehen, wie Simon voller Sehnsucht zu den Mädels hingeschaut hatte, die ganz hinten auf der anderen Weide grasten, als wären sie weit entfernt, in einem fernen Land, jenseits seiner Reichweite, außerhalb seines Lebens.

Das wird sich bald ändern, sagte ich ihm. Bald werden sie ein Teil deines Lebens sein. Wer Esel kennt, weiß, dass sie Romantiker sind. Sie verlieben sich Hals über Kopf. Sie haben ein großes Herz.

Sechs
Echte Schätzchen

Früh am nächsten Morgen ließen wir Lulu und Fanny in den südlichen Teil des Stalles. Simon war draußen in seinem Gehege an der Nordseite; zu ihm führte die große Tür mit Rampe. In der Mitte des Stalles befand sich ein hölzernes Tor mit Maschendraht, das man zuschwingen lassen konnte. Wir benutzten es, um Schafe voneinander zu trennen oder um die Esel einzusperren, wenn der Hufschmied oder der Tierarzt kam.

Maria und ich hatten mit Tierärzten, Hufschmieden und Eselliebhabern über den Eingewöhnungsprozess gesprochen und dabei zu hören bekommen, was wir uns schon mehr oder weniger selbst gedacht hatten. Simon und die Mädels sollten nicht Knall auf Fall zusammengesteckt werden. Sie brauchten Zeit, um sich aneinander zu gewöhnen, um einander zu beschnuppern und den Geruch des anderen abzuspeichern. Wir hatten vor, tagsüber die Seitentüren des Stalles zu öffnen, sodass die drei jederzeit von ihrer jeweiligen Weide aus in den Stall gehen und sich dort nach Belieben unter die Lupe nehmen konnten.

Diese Methode erlaubte es ihnen, einander viel näher zu sein, als wenn sie sich nur von ihren verschiedenen Weiden aus beäugt hätten. Wenn Simon stärker sein würde, in zwei, drei Wochen vielleicht, wollten wir sie dann alle auf dieselbe Weide lassen.

Wir wussten, dass dies dennoch heikel werden konnte. Simon war kastriert, aber das war ihm nicht bewusst, und wenn die Mädels rossig waren – man hatte sie nie sterilisiert –, würde es bestimmt einige Aufregung geben. Die Liebe unter Eseln ist nicht anmutig oder feinsinnig; es gibt da weder Rosen noch Gedichte, noch Spaziergänge im Park. Es ist bei Eseln auch üblich, dass sie einen Neuankömmling begrüßen, indem sie sich umdrehen und ihm gegen den Kopf treten.

Gegen zehn schauten wir bei Simon vorbei und gaben ihm seine Medikamente. Dann öffneten wir die Stalltür. Lulu und Fanny warteten bereits am Verbindungstor; sie hatten die Köpfe gesenkt und spähten zwischen den Brettern hindurch. Simon kam rasch in den Stall und näherte sich mit großen Augen dem Zaun. Die Mädels und Simon beschnupperten einander endlos lange. Lulu legte ihre Ohren an, aber Fanny nicht. Simon stand nahe dem Tor und betrieb Fellpflege. Als wir einige Stunden später wiederkamen, standen sie alle noch genauso da, wie wir sie verlassen hatten. Am späten Nachmittag bekamen sie Hunger. Lulu und Fanny stiegen den Hügel zu ihrer Weide hinauf, und Simon ging hinaus, um in seiner Einhegung zu grasen. Wir verschlossen den Stall; für heute war es genug.

Am Abend ging ich noch einmal hinaus, um nach Simon zu sehen. Er stand auf der Anhöhe hinter dem Stall und schaute zum Hügel hinüber. Lulu und Fanny waren dort in der Ständerscheune und starrten zurück.

Ich hörte Fannys leisen Ruf und Simons lautere Antwort.

Simon kam mir verändert vor. Er schien lebendiger zu sein, aufgeweckter. In seinen Augen lagen ein Funkeln und eine Wachsamkeit, die ich bei ihm noch nie gesehen hatte. Seine Brust wölbte sich ein wenig vor.

Ich war seinetwegen ganz aufgeregt. Ein Eselleben ist ohne die Gegenwart anderer Esel unvollständig. Und Simon konnte ein bisschen Liebe in seinem Leben gut gebrauchen. Um die Mädels machte ich mir ein wenig Sorgen. Sie hatten bis zu diesem Moment ein Leben wie aus dem Bilderbuch gehabt. Sie waren in einem sauberen und hübschen Stall von einem sachkundigen Züchter aufgezogen worden. Auf die Bedlam Farm waren sie gekommen, als sie beide noch ganz jung waren. Sie hatten ausgedehnte Weideflächen zum Herumstreifen, Hügel zum Ersteigen, Büsche und Felsen zum Innehalten und Erkunden. Jeden Morgen kamen sie den Hügel hinab, um sich ihre Leckereien abzuholen, und jeden Nachmittag ließen sie sich gerne striegeln.

Sie bewachten zuverlässig die Schafe und tolerierten die Border Collies, die die Schafe gern durch die Gegend jagten. In den sieben Jahren, die Lulu und Fanny nun schon bei mir waren, hatte kein Fuchs, kein Kojote und kein streunender Hund ein Schaf von unserer Weide geraubt. Und Maria und ich hatten zahllose Stunden mit den beiden Eselstuten verbracht, sie gestriegelt und Eseltagträume mit ihnen geteilt. Unsere Freunde hatten oft aus Spaß gesagt, das sei doch ein perfektes Arrangement für die beiden: jede Menge Gras und keine Männer.

Dennoch entsprach es dem natürlichen Lauf der Welt, dass sie mit einem männlichen Esel zusammenkamen, und auch für Simon war es etwas ganz Natürliches. Das Beschnuppern am Gatter war gut ausgegangen, aber wir konnten nicht wissen, was geschehen würde, wenn alle drei wirklich aufeinandertrafen.

Ich stellte mir gern vor, dass Simon jetzt seine Familie zurückbekam, und zwar sowohl im Esel- als auch im Menschensinne. Aber wir hatten schon manches Mal lernen müssen, dass man keine Spekulationen darüber anstellen sollte, wie Tiere reagieren. Es gibt Tierexperten wie Sand am Meer – jede Menge Leute, die ganz genau wissen, was Tiere denken und was sie tun werden. Aber sogar noch häufiger als sie gibt es Tiere, die uns demonstrieren, dass sie unberechenbar und nicht zu ergründen sind. Was sie tun werden, wird erst klar, wenn man es sie wirklich tun sieht.

Drei Wochen später war Simon schon stärker. Sein Fell wuchs nach, und die schwärzlichen Flecken auf seiner Haut bildeten sich zurück. Seine Beine waren ein bisschen schräg und verbogen, aber sie trugen ihn durch die Gegend. Wir machten täglich einen Spaziergang über die Wiese, und ich hoffte, unsere Ausflüge bald auf die Straße und die Wälder hinter dem Zaun ausdehnen zu können. Simon brauchte jetzt keine Medikamente mehr zu nehmen und auch nicht mehr mit Salben eingerieben zu werden. Die letzte Etappe seiner Heilung lag in den Händen der Zeit und der Natur. Jetzt zweifelte niemand mehr daran, dass er überleben würde; es war Zeit für ihn, ein normales Leben zu führen. Inzwischen stellte ich die »Anrufung des Lebens«-Videos mehrmals wöchentlich ins Internet, und viele Tausend Menschen begannen ihren Tag mit Simons Iah. Wir alle nahmen es als seine Zustimmung auf.

Es verging selten ein Tag, an dem er keine Besucher hatte. Simon war eine echte Rampensau. Er mochte es, wenn sich die Leute um ihn scharten, und genoss fast jede Art von Aufmerksamkeit. Es war wirklich Zeit, ihn aus seiner Einhegung zu holen und in die normale Welt zu überführen. In ein Leben mit den Mädels.

Und so kam es, dass wir an einem frühen Sonntagmorgen die Tore der Weide öffneten. Simon schaute auf, ging gemächlich den sanften Anstieg hoch und spazierte durchs offene Gatter. Lulu und Fanny standen oben in der Ständerscheune und blickten aufmerksam in seine Richtung.

Ich stellte fest, dass er auf sie zuging, sie aber nicht zu ihm hinabeilten. Ken Norman, unser Hufschmied, hatte uns über Lulus und Fannys Haltung gegenüber

Simon aufgeklärt. Es würde ganz einfach sein, hatte er gesagt. »Wir sind hier die Königinnen. Das da ist bloß Simon.« Ken sollte, wie immer, recht behalten.

Maria und ich standen am unteren Rand der Weide und schauten den Hügel hinauf, als sich Simon der Scheune und den Mädels näherte. Zuerst nahm er Kurs auf Fanny, den Kopf gesenkt und schnuppernd. Fanny wandte sich ihm zu und drehte sich dann langsam um. Ohne sich groß zu bewegen, trat sie ihm mit beiden Hinterfüßen voll gegen den Schädel. Wir konnten das dumpfe Geräusch bis zu uns am Fuß des Hügels hören.

Wenn Esel jemanden herausfordern, angreifen, strafen oder bekämpfen wollen, nutzen sie zwei Werkzeuge – ihre Zähne und ihre Hinterbeine. Sie können mühelos durch eine Tür hindurchtreten. Als einmal ein streunender Hund unter dem Weidezaun durchgekrochen war und die Schafe angesteuert hatte, durfte ich miterleben, wie Lulu das Tier angriff und am Bein packte. Sie schleuderte den Hund ungefähr fünf Meter durch die Luft und drehte ihm dann das Hinterteil zu, wie um ihn zu treten. Das war aber nicht mehr nötig. Der Hund verzog sich von der Weide und düste den Hügel hinab.

Simon schien über Fannys Tritt erschrocken zu sein. Dann schüttelte er den Kopf, als wollte er eine Pferdebremse loswerden. Er ging erneut auf Fanny zu, und sie trat ihm wieder gegen den Kopf.

Dann kam Lulu zu Simon hinüber, drehte sich um und hieb ihm die Hufe gegen die andere Seite des Kopfes. Simon taumelte ein bisschen nach hinten, trat aber nicht den Rückzug an. Er wirkte nicht besonders verstört. Es schien eher so, als hätte er schon damit gerechnet. Auf diese Weise pflegen Esel eben zu sagen: »Hallo! Willkommen auf der Farm.«

Es war nicht leicht, einfach dazustehen und dabei zuzuschauen, wie Lulu und Fanny Simon gegen den Kopf traten – und jede der beiden tat es mehrfach. Doch es war ihre Art zu sagen: »Okay, du darfst hier leben. Wir werden dich schon irgendwie ertragen, aber mach nicht auf Kumpel und komm uns nicht zu nahe.«

Von nun an sollte fast jeder Morgen für Simon damit beginnen, dass ihn Lulu oder Fanny oder beide gegen den Kopf traten, und nach einigen Monaten war es Teil des Farmalltags geworden.

Nachdem Maria und ich uns monatelang um Simons viele Nöte gekümmert hatten, war dieses Tretritual für uns schwer mit anzusehen. Es war sogar fast unmöglich, nicht einzuschreiten.

Einige Tage lang standen wir mit Äpfeln am mittleren Gatter und lockten Simon zurück in sein Gehege für den Fall, dass er ein wenig Erholung von seinen neuen Stallgefährtinnen brauchte. Aber so war es nicht. Es war wieder nur eine menschliche Projektion – wieder nur ein fehlerhafter menschlicher Blickwinkel auf die Tierwelt. Von Anfang an wollte Simon nur bei Lulu und Fanny sein, und nach einigen Tagen voller Nervosität machten wir das, was wir stets zu tun versuchen: Wir ließen sie ihre Probleme selbst aushandeln.

Sieben
Ein Spiel des Zufalls

Eines Nachmittags spazierte ich mit Simon hügelab in Richtung Feldweg, als ein Minivan an uns vorüberzog. Plötzlich wurde der Wagen langsamer und hielt. Eine Frau kurbelte die Scheibe hinunter und warf einen Blick auf Simon. Dann fragte sie mich: »Ist das ein Maultier?« Nein, sagte ich, ein Maultier ist eine Kreuzung aus Pferd und Esel; dies hier ist ein richtiger Esel.

»Und was macht er so?«, fragte sie. Ich wusste nicht recht, was ich darauf erwidern sollte, und das passiert mir selten. Simon gaffte sie an, weil er wie so oft bei Fremden auf eine Möhre oder einen Apfel hoffte oder vielleicht gar auf eine Runde Nasekraulen. Von ihrer schrillen Stimme richteten sich ihm die Ohren auf, und er machte große Augen.

Er geht mit mir spazieren, sagte ich. Enttäuscht und verwirrt ließ sie ihr Fenster hochfahren und brauste davon. »Du bist ein Geist«, sagte ich zu Simon, »ein Mythos. Für die meisten Amerikaner existierst du gar nicht.«

Was macht er so? Ich sann darüber nach, was eine gute Antwort darauf gewesen wäre. Eine gute Frage erfordert eine wohlbedachte Antwort. Noch vor wenigen Jahren hätte ich selbst so fragen können.

Wir gingen weiter spazieren, ein Esel und ein Wanderer, zwei der ältesten Klischees der Welt. *Genau das* macht er, dachte ich, so wie Esel es seit jeher getan haben.

Ich kann den Leuten nicht vorwerfen, dass sie nicht viel über Esel wissen. Warum sollten sie? Es ist kennzeichnend für unsere Zeit, dass nur wenige Menschen schon mal einen umherlaufenden Esel gesehen haben, während dies in vielen Weltgegenden und über viele Tausend Jahre hinweg ein ganz gewöhnlicher Anblick war. Wir lieben unsere Geschichte nicht; wir sind viel zu sehr damit beschäftigt, im Heute klarzukommen.

Simons Urahn ist der Afrikanische Wildesel, *Equus africanus*; das Wort *Equus* zeigt an, dass Esel zur selben Gattung gehören wie die Pferde. Vor etwa 5000 Jahren in Ägypten oder Mesopotamien domestiziert, sind sie seither stets als Arbeitstiere eingesetzt worden. Weltweit gibt es heute mehr als vierzig Millionen Esel.

In ihrem Buch *Donkey: The Mystique of Equus Asinus* (Esel: Die Mystik des Equus asinus) weisen Michael Tobias und Jane Morrison darauf hin, dass Künstler die Esel lange Zeit als »geistige Gefährten in einem Ätherreich von Leben und Tod« betrachteten: »Dem Spiel des Zufalls ist der Esel genauso ausgesetzt wie der Mensch, und wie dieser ist er Teil der göttlichen Kraft im Universum.« Die Idee einer solchen Gleichheit, einer Partnerschaft, passt zu dem ganz besonderen Platz, den Esel in unserer Imagination einnehmen. »Spiel des Zufalls« ist ein passender Ausdruck für die dramatischen, beschwerlichen und abenteuerlichen Wege der Esel an der Seite des Menschen. Das Spiel des Zufalls ist nichts anderes als das Leben selbst, launisch und unvorhersehbar, angefüllt mit Liebe, Hoffnung, guten Gelegenheiten, Katastrophen, Krankheiten, Krieg und Ungewissheit. Jeden Tag stehen wir auf der Bühne und sind ein Teil dieses Spiels. Jeden Tag erfahren wir, was für uns bereitgehalten wurde.

In unserer kollektiven Kulturgeschichte gibt es viele Darstellungen von Eseln, aber kaum eine prägte den Grundtenor so deutlich wie die Legende von Jesus Christus und seinem kleinen, unansehnlichen Esel. Wie viel Wahres mag an ihr sein? Man weiß, dass Jesus auf einem Esel durchs Heilige Land reiste, aber was den Rest betrifft, kann ich nichts weiter herausfinden. Allerdings weiß ich, dass diese Legende das Leben der Esel für alle Zeiten änderte.

Die Geschichte von Jesus und seinem Esel ist vielleicht die erste dokumentierte Rettung eines Tieres durch einen Menschen. Tausende Jahre alt und größtenteils mündlich weitergegeben, hat diese Geschichte einige unserer tiefsten Gefühle der Fürsorge für Tiere mitgeformt und eine Vorlage für die noch heute existierende Bindung zwischen Tieren und Menschen geliefert.

Ein armer Bauer außerhalb von Jerusalem besaß einen kränklichen Esel, der zu klein und zu schwach war, um viel Arbeit verrichten zu können. Nur wenige Bauern konnten es sich leisten, ein Tier zu behalten, das nicht für sie arbeitete oder ihnen Geld einbrachte. Mit der Zeit wurde er immer wütender auf seinen Esel; er sagte, seine Familie könne es sich nicht erlauben, eine so wertlose Kreatur durchzufüttern. Der Esel könne ihm nirgends mehr von Nutzen sein und sei das Futter nicht wert, das man herbeischaffen müsse, um ihn am Leben zu halten. Er denke darüber nach, das Tier zu töten.

Seine Kinder, die den kleinen Esel sehr lieb hatten, flehten ihren Vater an, das Grautier leben zu lassen. Der Bauer aber beharrte auf seinem Standpunkt. Er sagte zu seinen Kindern: »Es ist nicht in Ordnung, ein Tier zu verkaufen, das kein gutes Tagewerk verrichten kann.«

Da machte die älteste Tochter des Bauern einen Vorschlag. »Vater«, sagte sie, »lass uns den Esel neben der Landstraße, die in die Stadt führt, an einen Baum binden. Wer immer ihn haben will, mag ihn für umsonst mitnehmen.« Der Bauer war einverstanden. Am nächsten Morgen führte er den kleinen Esel an die Straße vor dem Haus und band ihn an einen Baum. Er sagte, er könne sich nicht vorstellen, dass irgendjemand so ein nutzloses Tier mitnehmen werde, nicht einmal für umsonst.

Viele Leute kamen an dem kleinen Esel vorüber und gingen weiter. Anscheinend wollte ihn
niemand haben. Da tauchten zwei junge Männer
auf. Sie schauten sich den Esel an und fragten,
ohne lange zu zögern, ob sie ihn haben könnten.
Der Bauer war ein ehrlicher Mann und sagte ihnen die Wahrheit. »Er kann fast nichts tragen«,
warnte er sie.

»Jesus von Nazareth braucht ihn«, erwiderte
einer der Männer. Der Bauer hatte schon von
Jesus gehört und konnte sich nicht vorstellen,
wozu dieser große Lehrmeister den Esel brauchen könnte. Dennoch händigte er das Tier den
beiden Männern erleichtert aus.

Sie brachten den Esel zu Jesus, der dem dank-
baren Tier das Gesicht streichelte. Dann bestieg
er den Esel und ritt davon. So kam es, dass Jesus
an dem Tag, den wir heute Palmsonntag nennen,
seine Anhänger in die Stadt Jerusalem führte –
und zwar auf dem Rücken eines ganz gewöhn-
lichen kleinen Esels.

Der Esel liebte seinen Herrn und diente ihm
hingebungsvoll; er trug ihn überallhin und folgte
ihm auf all seinen Wegen, selbst noch auf den
Kalvarienberg.

Als Jesus ans Kreuz geschlagen wurde, so berichtet die Legende, habe der Esel sich ihm mehrfach zu nähern versucht, als wollte er ihn an einen sicheren Ort tragen. Beim Anblick seines im
Todeskampf aufschreienden Herrn schrie auch

der Esel und stürzte ihm entgegen, wurde jedoch von Soldaten und von Leuten aus der jubelnden Menge brutal zurückgeprügelt.

Der Esel wurde mit Speeren gestoßen und gestochen und mit Steinen und Felsstücken beworfen. Untröstlich über den Anblick des am Kreuz leidenden Jesus, versuchte der Esel sich ihm immer wieder zu nähern, aber jedes Mal wurde er zurückgedrängt.

Da machte das Tier kehrt und versteckte sich in einer nahe gelegenen Allee. Den Kalvarienberg aber mochte es nicht verlassen. In diesem Moment, so berichtet die Legende, sei der Schatten des Kreuzes dem Esel auf Schultern und Rücken gefallen, und dort blieb er nun für alle Zeiten, dem Rücken eines jeden Esels aufgeprägt bis zum heutigen Tag.

Es war wohl diese Geschichte, die den Esel zum ersten Mal als spirituellen und langmütigen Gefährten des Menschen darstellte.

Heute placken sich Esel noch immer für die Menschen ab, oftmals ohne Dank. Es gibt sie in allen möglichen Formen und Größen und in verschiedenen Farbschlägen. Sie leben in Wüsten, auf Bergeshöhen, in Dörfern und auf Farmen. Während Esel auf Renaissancegemälden als ehrwürdige und machtvolle Tiere dargestellt wurden, fällt das heutige Bild von ihnen weniger erhaben aus. Wenn wir überhaupt noch Bilder von Eseln sehen, schleppen sie darauf meist irgendwelche Frachten durch übervölkerte Dörfer.

Die relativ wenigen Esel, die heute in den USA leben, arbeiten entweder als Wachtiere, die Schafe und Alpakas beschützen, oder leben auf Gutshöfen, oft als Beisteller von neurotischen Pferden.

Die Dickköpfigkeit der Esel ist legendär, aber mir scheint, dass dieser Wesenszug missverstanden wird. Vielleicht haben sie der Willensstärke ihr Überleben zu verdanken; es heißt, sie hätten einen stärkeren Selbsterhaltungstrieb als Pferde und eine schwächere Bindung an den Menschen. Es ist schwierig, wenn nicht unmöglich, einen Esel mit Gewalt oder durch Einschüchterung zu etwas zu zwingen, das er aus irgendeinem Grund für gefährlich hält.

Ein Teil dieses Widerstands kann durch Vertrauen abgemildert oder sogar beseitigt werden. Hat der Esel einen Menschen erst einmal kennengelernt und Vertrauen zu ihm aufgebaut, wird er sich vernünftigen Forderungen oft fügen. Esel sind neugierig und lernwillig, aber sie scheinen schon genug vom Verhalten der Menschen mitbekommen zu haben, um in ihrer Nähe vorsichtig zu sein. Viele bedrohte Arten haben das noch nicht kapiert, aber unter Eseln hat es vermutlich viele Leben gerettet.

Ich fühle mich dem Tao von Eseln verbunden, dem ihnen innewohnenden vorherrschenden Geist. Es ist etwas Mystisches an diesen Tieren. Sie sind treu, anhänglich, intuitiv, zäh, geduldig und eigensinnig. In einem Punkt sind sie einzigartig unter allen Haustieren:

Sie arbeiten und leben eng mit Menschen zusammen und entwickeln eine starke Bindung an sie, und doch geben sie sich uns nicht völlig hin. Ein Teil von ihnen verbleibt jenseits von uns; sie werden ihn uns nie ausliefern. Es ist eine Art Würde und Unabhängigkeitssinn, die die meisten Haustiere eingebüßt haben, um sich ihr Überleben zu sichern.

Mir fällt kein anderes Tier ein, dem vom Menschen eine solche spirituelle Aura zuerkannt wurde. Esel sind nicht nur mit dem Christentum verbunden; auch in der Geschichte des Judentums, und zwar sowohl im Alten Testament als auch in der Kabbala, den Aufzeichnungen der hebräischen Mystiker, wird der Esel als getreues, kluges und ausdauerndes Tier porträtiert.

In der Kabbala sind Esel die weisesten aller Lebewesen; auf ihrem Rücken tragen sie oft Propheten und Mystiker, die verblüffte Rabbiner herausfordern, wenn es um die wahre Gotteslehre geht. Häufig sind die Esel überarbeitet, oder ihre Herren misshandeln und vernachlässigen sie, und doch sind sie wichtige Sinnbilder des Glaubens, des Leidens, der Weisheit und des Handels. Wo immer sie auftauchen, werden Ideen ausgetauscht oder sind weise Männer und Propheten unterwegs. Esel stehen in der Kabbala oftmals auch symbolisch für die Armen und Unglücklichen. Gott, seine Propheten und Engel ermahnen die Leute stets dazu, diese Tiere gut zu behandeln.

So unterschiedliche Künstler wie Shakespeare, Chagall und Orwell haben sich von der Symbolik des Esels angezogen gefühlt und diesem Tier in ihren Werken einen Platz eingeräumt. Esel sind auf berühmten Gemälden dargestellt, wo sie etwa Hannibal, Napoleon und Queen Victoria auf ihrem Rücken tragen. Ein Esel ist die Hauptfigur des einzigen lateinischen Romans, der uns aus der Zeit des Römischen Kaiserreichs vollständig überliefert ist. In seinem Hauptwerk *Der goldene Esel* erzählt der Philosoph Apuleius (geboren um 123 n. Chr.) von einem Mann, der sich in einen Esel verwandelt und so das harte Leben und das schlichte Zukunftsvertrauen dieses Tieres kennenlernt.

Eines der originellsten literarischen Werke, die je ersonnen wurden, nämlich *Leben und Taten des scharfsinnigen Edlen Don Quixote von La Mancha* von Miguel de Cervantes Saavedra, ist zugleich ein großes Werk der Literatur über Esel. Im frühen 17. Jahrhundert veröffentlicht, lässt *Don Quixote* Tiere auftreten, die politische oder moralische Positionen verkörpern. Ihre Handlungen zeugen von ihrem Edelmut, ihren Schwächen und Stärken. Wie die Menschen sind auch sie unvollkommene Geschöpfe voller Widersprüche.

In Cervantes' Werk sind Tiere keine Hintergrundfiguren, sondern wichtige Protagonisten. Zwei der vier Hauptfiguren des Buches gehören der Gattung *Equus* an: Don Quixotes altes Pferd Rosinante und Sancho Pansas geliebter Esel Rucio.

Ohne Rosinante und Rucio wäre *Don Quixote* kaum noch ein Buch. In diesem satirischen Bericht über zwei Weltenbummler sind die beiden pferdeartigen Gefährten Spiegelbilder der Männer, die sie in jedes nur erdenkliche Dilemma und Missgeschick reinreiten. Angefangen vom Kampf gegen Riesen, die Windmühlengestalt annehmen, übers Geschlagenwerden durch befreite Gefangene und Verliebtheit in eine Dulcinea nach der anderen bis hin zu den Streifzügen durch wilde und ungastliche Gebirgszüge – Rosinante und Rucio bringen die Männer durch jedes Abenteuer.

Rucios Tagebuch eines Esels ist eine der erfinderischsten Schöpfungen der Literatur – nicht nur eine Chronik Spaniens im 17. Jahrhundert, sondern auch ein Bericht über die Menschen, eine Gesamtsumme aus vielen Verrücktheiten, großen Träumen, verlorener Liebe und blutenden Herzen. Rucio erduldet, liebt, steht auf und fällt, lebt und stirbt bei jeder Schicksalswendung im Reich der Menschen. Es ist der Esel, welcher den Mann, der ihn reitet, definiert.

Dies also ist es, das Wechselspiel des Zufalls: Der Mensch gibt sich selbst dem treuen Tier anheim, er verlässt sich darauf im Angesicht von unvorstellbaren Herausforderungen, vertraut ihm als seinem zuverlässigen Seelenverwandten.

Als Sancho Pansa Rucio verloren zu haben glaubt, bricht er völlig zusammen, um dann eine endlose Klagelitanei anzustimmen. Er weiß, dass er nun geschwächt ist, und glaubt nicht, dass er die Reise allein durchstehen kann.

Ich kann die Geschichte von Sancho Pansa und Rucio aus tiefstem Herzen nachvollziehen. Ich glaube, dass Simon zu mir kam, um zumindest einen Teil von mir zu definieren und um andere Teile widerzuspiegeln. Wir brachten uns gegenseitig voran und tun es immer noch, wobei jeder einen Teil des anderen berührt.

Und das ist für mich eines der wichtigsten Phänomene in puncto Esel. Man kann mit ihnen kommunizieren, sogar ohne Worte. Sie verstehen sehr viel. Simon weiß genau, wann er sich mir nähern muss, um einen Keks zu ergattern, oder wann er mir seine Stirn gegen die Brust drücken muss, um mich zu trösten. Durch ihn erkannte ich, dass ich verschlossen war und mich öffnen musste. Durch ihn fand ich als Mann einen höchst wirksamen Weg, um das Prinzip von Pflege und Fürsorge zu verstehen – was, wie ich bis dahin gedacht hatte, eher Frauen von der Natur mitgegeben war.

Durch Simon entdeckte ich die Kraft des Heilens und der Selbstlosigkeit; ich lernte anzuerkennen, auf welch außerordentlich reine und mächtige Weise ein Mensch ein Tier lieben kann. Die uralte Vorstellung, dass Menschen und Tiere gemeinsam durchs Leben gehen, hat einen realen Hintergrund. Ich erfuhr es selbst, und ich fühle es immer noch, wenn ich auf die Weide gehe und Simon herbeigelaufen kommt, um mich zu begrüßen. Ich kraule seine weiche Nase und erzähle ihm, wie mein Tag verlaufen ist. Wir sind miteinander verbunden.

Ich hielt nach der Frau in dem Minivan Ausschau; ich hatte das Gefühl, sie könnte noch einmal wiederkommen. In diesem Fall wollte ich sie herbeiwinken und ihre Frage »Und was macht er so?« beantworten. Simon, würde ich ihr sagen, bringt mir bei, was Mitgefühl ist. Das ist es, was er so macht.

Acht
Zwei Esel unterwegs

Was Simon betraf, hatte ich ein immer wiederkehrendes seltsames Gefühl. *Wir sind uns schon einmal begegnet. Wir waren einander nicht unbekannt. Wir haben all dies schon einmal gemacht.* In meinem Bekanntenkreis sagte mir jeder, welch ein Wunder es sei, dass ich auf diesen Esel gestoßen war. Aber es fühlte sich nicht wundersam an. Für mich wirkte es auf eine merkwürdige Weise normal und vertraut.

Ich hatte niemals das Gefühl, etwas Neues zu tun – einem fremden Tier zu begegnen oder eine neue Erfahrung zu machen. Es war so, als wären wir schon viele Male zusammen gewesen, und zwar seit fernen Zeiten, seit der Morgenröte der Zivilisation.

In meinem Leben waren Intimität und Bindung immer wieder ein Thema gewesen, und mit der Zeit hatte ich ein paar wichtige Dinge darüber gelernt: Je mehr wir uns für eine Bindung öffnen, desto mehr bekommen wir zurück. Je mehr wir selbst glauben, einer Bindung würdig zu sein, desto mehr Bindungen wird es in unserem Leben geben.

Die Idee, dass Simon und ich schon eine gemeinsame Geschichte hatten, dass wir uns früher bereits begegnet waren, wäre mir noch vor wenigen Jahren lachhaft vorgekommen. Aber wenn ich nun mit ihm auf der Weide saß, wusste ich, dass es einfach stimmte. Und ich glaube, dass es ihm genauso ging. Simon und ich standen im Dialog. Wie sonst sollte man es erklären, dass sich zwischen diesem kahl werdenden Mann mittleren Alters, einem Schriftsteller, einem Mann der Bücher und des Grübelns, und diesem freundlichen, entschlossenen und geselligen Esel augenblicklich eine Verbindung herstellte? Von der ersten Begegnung an war mir so, als könnte ich mit Simon reden und er mit mir.

Lange Zeit erzählte ich Maria nicht, dass ich im Geist Gespräche mit Simon führte, und als ich ihr doch etwas davon sagte, lachte sie nur kurz auf. Natürlich, meinte sie. Das wusste ich schon. Ich sehe das doch. Und es ist gut für dich. Man musste Maria für diese neue Erfahrung nicht erst sensibilisieren; sie war mir schon ein ganzes Stück voraus. Sie sprach ständig mit Vögeln, Katzen und Eichhörnchen. Sie gaben ihr oft die Motive vor für die Topflappen, Decken und Kissen, die sie als Textilkünstlerin anfertigte. Und wie sie mir beichtete, redete sie schon seit geraumer Zeit mit Lulu und Fanny. An deiner Stelle würde ich Simon zuhören, sagte sie.

Einige Monate nach seiner Ankunft versuchte ich Simon ein Halfter anzulegen, um längere Spaziergänge mit ihm unternehmen zu können. Ich hielt einen

Apfel in der Hand, und Simon kam von der Ständerscheune her angetrabt, um ihn sich zu schnappen und zu schauen, was Sache war. Lulu und Fanny hielten sich im Hintergrund und schauten zu. Ich wusste, dass auch sie kommen würden, wenn sie Simon erst einmal im Stall knuspern hörten. Und so war es auch. Ich hatte keine der beiden Eselinnen je ans Halfter zu gewöhnen versucht. Es war mir nie in den Sinn gekommen, sie auf einen Spaziergang mitzunehmen, und eine allein wäre ohnehin nicht mitgekommen.

Sie waren beide so sanftmütig, dass Ken Norman, unser Hufschmied, ihnen nur selten ein Halfter anlegte. Er setzte sich einfach an ihre Seite und schnitt ihnen die Hufe, und sie blieben währenddessen ruhig stehen. Simon war nicht so sanft. Als Ken ihm die Hufe in Ordnung bringen wollte, bockte und trat er und stieß Ken und mich beinahe durch die Stallwand. Ich gab ihm eins auf die Nase und sagte, er solle mit dem Blödsinn aufhören, und das tat er denn auch. Ich war nicht sicher, wie er mit dem Halfter umgehen würde.

Simon hatte mit Sicherheit schon früher Halfter getragen, denn es war ihm offensichtlich nicht unangenehm; er schien es nicht einmal zu bemerken.

Ich war nervös. Ich war nicht sicher, was außerhalb der Weidezäune und des Gatters passieren würde. Was, wenn Simon störrisch wurde? Wenn er nicht zurück wollte? Wenn er auszureißen versuchte? Wenn ihn auf der Straße etwas erschreckte? Er war viel stärker als ich, und ich war nicht sicher, ob ich die Kontrolle über ihn behalten könnte. Aber versuchen würden wir es unbedingt.

Ich überprüfte das Halfter und ging zum Gatter. Lulu und Fanny schauten uns neugierig zu, aber selbst wenn sie angenommen hätten, dass ich auch sie von der Weide holen wollte, wären sie natürlich nicht gekommen. Sie hielten sich ein wenig im Hintergrund, vielleicht gespannt darauf, was dieser verrückte Mann jetzt schon wieder tun würde.

Ich öffnete das Gatter und sagte: »Los, Simon, lass uns einen Spaziergang machen!« Er trottete neben mir durchs offene Gatter.

Plötzlich vernahm ich das angstvolle und panische Geschrei von Lulu und Fanny. Seit Wochen hatte jeder Tag für sie damit begonnen, dass sie Simon gegen den Kopf traten, gewöhnlich im Tandem und oft mehrmals. Aber jetzt, wo er weggeführt wurde, waren sie außer sich. Es war nicht ihre Idee gewesen, nicht Bestandteil ihres Plans. Das Iah war laut und dringlich, und Simon blieb in der Auffahrt stocksteif stehen.

Aber ich hatte ja einige Erfahrung mit Eseln und kannte ein paar Tricks. Meine Taschen waren gefüllt mit Hafer-Melasse-Eselkeksen. Ich rührte mich nicht, während sich Simon noch einmal umwandte, um zu seinen schreienden Gefährtinnen hinüberzuschauen. Lulu und Fanny riefen ihn zu sich zurück. Zwar traten sie ihn allmorgendlich gegen den Schädel, aber das bedeutete nicht, dass er sich ohne ihre Erlaubnis entfernen durfte.

Simon war unentschlossen. Er rührte sich nicht vom Fleck. Ich wartete ein Weilchen und zog dann einen Keks hervor. Simon wartete noch ein wenig ab und traf dann eine Entscheidung. Er kam ein paar Schritte auf mich zu, um sich den Keks zu sichern. Die Damen konnten warten.

Das Geschrei ging noch ein paar Minuten so weiter, aber dann beruhigten sich Lulu und Fanny und schauten dem Geschehen nur noch zu. Ich nahm an, dass alles gut gehen würde, solange sie Simon noch sehen konnten, war aber nicht sicher, was passieren würde, wenn wir die Zufahrt hinter uns gebracht hatten.

Simon kaute seinen Keks und sondierte die Lage. Ich glaube, dass er gern bei mir war; immerhin hatte er das Gatter bereitwillig durchschritten. Im Allgemeinen laufen Esel gerade Strecken nicht gern, es sei denn, sie sind dafür ausgebildet. Simon schaute nach links auf eine grasige Böschung und nach rechts auf ein paar Sträucher. Er drehte sich nach rechts und riss Blätter von einem Baum.

Ich zog ein wenig am Halfter, und plötzlich bockte er. Wenn Esel bocken, kriegt man sie nicht von der Stelle, sofern man keinen Traktor bemüht. Ich musste ihm Zeit lassen. Ich zeigte ihm die Kekse in meiner Tasche und ging langsam weiter. Er bockte immer noch. Ich wartete eine Weile, bis es ihm zu langweilig wurde, und dann beschloss er, dass der Spaziergang eigentlich seine Idee gewesen war, und ging weiter.

Dieses Stop-and-Go betrieben wir einige Minuten lang. Ich glaube, Simon war einfach ein bisschen durcheinander und von Lulus und Fannys inständigen Rufen abgelenkt. Aber es sah so aus, als wollte er seine Idee weiter verfolgen. Er setzte sich in Gang, und wir spazierten die Zufahrt hinab, vielleicht sechs Meter. Auf mein sanftes, aber nachdrückliches Ziehen am Halfter schien er sehr anzusprechen.

Ich hörte, wie ein Lastwagen die Straße hinabkam, und stellte mich vor Simon auf. Ehrlich gesagt war ich ziemlich stolz auf uns, wie wir da beide standen. Selbst auf dem Lande sieht man selten (wenn überhaupt) einen Mann, der einen Esel herumführt. Ich schloss mich einer alten Bruderschaft an. Vielleicht wusste Simon das.

Als der Pritschenwagen näher kam, erkannte ich ihn. Es war der Transporter meines Nachbarn Carr, ein ramponierter grüner Toyota, dessen Ladefläche immer voll Futter, Heu oder Harken und Schaufeln war.

Carr hat eine Farm auf der anderen Seite des Hügels in Cossayuna. Er ist ein grauhaariger, rotgesichtiger Mann in den Sechzigern, der regelmäßig bei mir haltmacht, um mir irgendwelchen Stuss über meine Farm zu erzählen und darüber, wie ich sie betreibe. Von Anfang an war Carr verblüfft über meine Anwesenheit auf dieser 36-Hektar-Farm gewesen. »Wovon leben Sie eigentlich?«, fragte er mich eines Tages. »Ich schreibe über Hunde und andere Tiere sowie über das Landleben«, antwortete ich. »Schon klar«, sagte er, »aber wovon leben Sie?« Diese Unterhaltung haben wir ein- oder zweimal pro Monat, aber Carr scheint meine Informationen nicht verarbeiten zu können.

Als wir letzten Winter einen schweren Schneesturm hatten, kam er vorbei und rief mir aus dem Autofenster zu, er habe gerade die Nachrichten über den Sturm gesehen: »Bis meine Frau uns den Fernseher gekauft hat, war mir nicht klar, dass Winter so gefährlich ist!«

Ich konnte mir nur vage ausmalen, was er aus dem heutigen Anblick machen würde.

Der Lastwagen rollte bis zu uns heran und wurde langsamer. Carr blickte zu Simon hinüber und dann zu mir. Er schüttelte den Kopf und lächelte.

»Schau an«, sagte er, »zwei Esel unterwegs.«

Ich lachte laut los. Es war ein großartiger Ausspruch – und noch dazu stimmte er. Ich wusste nicht, wie Simon auf einen Lastwagen reagieren würde, der neben ihm im Leerlauf lief, aber er nahm Carr einfach nur zur Kenntnis. Ein alter Esel erkennt den anderen, dachte ich mir. So liebenswürdig Simon zu Kindern sein konnte – er hatte auch eine grantige und eigenwillige Ader. Er hatte ja schon etwas vom Leben mitbekommen.

Ich erzählte Carr Simons Geschichte, und er stieg aus, um die Wunden des Esels, die immer noch beeindruckend waren, zu begutachten. Dann schüttelte er wieder den Kopf und fuhr weiter. Carr war ein Farmer, ein richtiger Farmer, und ich bezweifele, dass er irgendeinen Grund dafür hätte sehen können, dass eine geistig gesunde Person sich ein Großtier hielt, das sie füttern musste und das nichts erwirtschaftete, ja dessen Fleisch man nicht einmal verkaufen konnte. Aber meine Marotten war er inzwischen ja gewohnt.

Ich wusste, dass ich zu diesem Thema noch mehr zu hören bekommen würde.

Nachdem Carr den Hügel hinabgebrummt und wieder Ruhe eingezogen war, beschloss ich, die Straße zu überqueren. Jetzt musste ich mit Simon reden.

»Kumpel«, sagte ich, »das ist ein Ausflug in Sachen Liebe. Lass uns mal bei Maria vorbeischauen.« Simon schaute sich um, und ich erblickte überrascht eine ältere Frau, die den Hügel hinaufgestiegen kam.

Meine Straße ist steil, und manchmal kommen Wanderer vorbei oder Leute, die ihren täglichen Spaziergang machen, aber es ist eine ganz schöne Herausforderung, die meist nur Kinder reizt, wenn sie ihre Kondition für den Schulsport stärken wollen. Ansonsten ist es nur etwas für geübte Wanderer und sportliche Geher. Nur wenige Leute gingen bisher richtig weit, und keiner von ihnen war auch nur annähernd so alt, wie es diese Frau zu sein schien.

»Simon«, sagte ich, »guck dir diese Frau an. Sie ist sehr seltsam angezogen. Ein Schultertuch, wie es meine Großmutter trug, ein langer Rock, ganz schmutzig und voller Schlamm, weil er auf der Straße schleift. Und sie trägt Sandalen wie eine Roma. Ich frage mich, wer sie ist.«

Simon starrte sie an, meine Hunde bellten vom Hof her, und als ich mich umdrehte, sah ich, dass auch Lulu und Fanny unverwandt herüberschauten. Die

Frau hatte einen langen, dünnen Wanderstab in der Hand, auf dem sie sich abstützte, und doch schritt sie fest und kräftig aus. Ihr Gesicht war runzlig und lederartig. Ich sah, dass ihr grauschwarzes Haar zu einem langen Zopf zusammengebunden war.

In unserem Ort lebten nicht sehr viele Menschen, und ich war sicher, sie nie zuvor gesehen zu haben. Als sie näher kam, erkannte ich, dass sie lächelte; offenbar steuerte sie direkt auf uns zu. Ich hatte das Gefühl, dass wir das Ziel ihrer Reise waren, und doch hatte ich außerhalb von New York oder anderen Großstädten noch nie jemanden wie sie gesehen. Sie war wirklich exotisch. Ihr bunter Rock wies alle möglichen Symbole und Muster auf, auch wenn der Saum von Staub und Schmutz bedeckt war. Ich stellte mir vor, dass es schmerzhaft für sie sein musste, in diesen Sandalen herumzulaufen. Ich wollte die Straße nicht überqueren, denn dann hätte sie uns nachlaufen müssen, und ich wollte nicht unhöflich erscheinen, falls sie uns wirklich besuchen kam.

Sie brauchte eine Weile, ehe sie auf unsere Höhe gelangt war, und je näher sie kam, desto erstaunter wirkte sie. Bei uns angekommen lächelte sie mich an und wandte sich dann Simon zu. Sie sprach spanisch mit ihm, und ihre Worte waren angefüllt mit Trillern, Auflachen und Erklärungen. Sie schüttelte mir die Hand, ihr Rock wirbelte herum, und ihre Perlenschnüre, Halsketten und Armbänder klimperten. Ich hatte schon lange keine Roma mehr gesehen – das letzte Mal hatte ich als Reporter über dieses Volk geschrieben –, aber diese Frau hier war ganz gewiss eine. Ich hatte nicht den geringsten Zweifel.

In einiger Entfernung erblickte ich zwei weitere Personen, die den Hügel hinaufstiegen. Sie waren beide deutlich jünger als diese Frau. Sie sahen wie Teenager aus. Die Frau erklärte in gebrochenem Englisch, dass es ihre Enkel seien, die sie wieder abholen wollten.

Sie hatten ihr erzählt, dort oben auf dem Hügel gebe es einen Esel, und Esel liebte sie doch so. Einst, als Kind, hatte sie einen besessen; Esel liebte sie mehr als alles sonst. Sie griff in ihre Tasche und zog eine Art Plätzchen heraus. Dann bot sie es Simon auf der Handfläche an.

Er war fasziniert von ihr – Tiere spüren stets die Emotionen eines Menschen, der eine Verbindung zu ihnen hat –, und sie küsste ihn auf die Nase, rieb ihm das Gesicht an den Seiten und kraulte ihm den Nacken, wobei sie die ganze Zeit in ihrer Muttersprache auf ihn einredete.

Lange bevor die Teenager bei uns angelangt waren, warf sie in einer Art machtloser Resignation die Hände in die Höhe, wandte sich um und eilte den Hügel hinab zu ihren schnaufenden und keuchenden Enkelkindern. Ihre Sandalen machten auf der Lehmstraße ein klatschendes Geräusch, und die Röcke nahmen den Staub mit.

Simon und ich waren von diesem Besuch beide schwer beeindruckt und sprachlos. Wir standen mit großen Augen da. Seine Ohren kreisten wie Radarantennen, und er zog am Halfter, als wollte er mich drängen, ihr zu folgen.

»Ich glaube, das ist eine Zigeunerin, Simon«, sagte ich. »Eine Eselliebhaberin.« Als die Frau am Fuß des Hügels angelangt war, drehte sie sich noch einmal um, winkte und warf uns ein paar Kusshände zu. Ich konnte kaum glauben, dass sie real war, aber ich sah ihre Spuren auf der Straße, und Simon kaute noch immer auf ihrem harten Plätzchen herum. Dann verschwanden sie hinter der Straßenbiegung.

»Na, das war doch schon mal ein Abenteuer«, sagte ich.

Simon begann die Straße zu überqueren, und dann machte er natürlich genau in der Mitte halt. Weil Autos und Laster oft in rücksichtslosem Tempo den Hügel hinabbretterten, war mir dabei nicht ganz wohl, aber ich wusste, dass er nicht lange stehen bleiben würde, denn gleich auf der anderen Seite wuchs hohes, frisches Gras.

Simon hatte es schon selbst erspäht, ging hinüber und begann das Gras abzuzupfen. Das setzte eine neue Runde von Lulus und Fannys ängstlichem – und vielleicht neidischem – Geschrei in Gang.

Simon scherte sich nicht darum; er begann seinen Spaziergang zu genießen. Bisher war alles gut gewesen. Eine Dame mit Plätzchen, die ihn liebte, ein Mann in einem Kleinlaster, frisches Gras, Kekse aus meiner Tasche.

Esel sind von Natur aus neugierig, und Simon schien von der Welt um ihn herum stets fasziniert zu sein. Vielleicht lag es an seinem langen und einsamen Eingepferchtsein, dass ihm die Welt so verlockend vorkam. Er schien sich für jeden Lastwagen zu interessieren, für jedes Kind, jede Person, der er begegnete. Und offenbar gefiel ihm die Vorstellung, neues Territorium zu erobern.

Ich ließ ihn noch ein wenig Gras rupfen und sagte dann: »Hopp, Simon, lass uns Maria besuchen. Sie ist in ihrem Atelier.« Ich erzählte ihm von Marias Arbeit, erläuterte, wie sie ihre textilen Kunstwerke herstellte – Decken, Schals, Topfhalter, Objekte zum Aufhängen – und dann übers Internet verkaufte.

Mir gefiel die Vorstellung, dass ich Simon die Welt erklärte. Es schloss in mir eine reiche und tiefe Erzader auf. Ich war dabei nicht im Mindesten befangen oder unangenehm berührt. Es schien eine der natürlichsten Sachen zu sein, die ich je getan hatte.

Mit meinen Hunden oder anderen Tieren rede ich nicht auf diese Weise. Mit Eseln aber, besonders mit Simon, spreche ich eine ganze Menge. Allmählich begriff ich, weshalb seit vielen Jahrhunderten seltsame Männer – Jesus, Cervantes, Napoleon, Julius Cäsar, der Pharao Ramses – mit Eseln redeten.

Es war etwas an diesen Tieren, das dazu einlud: ihre Geselligkeit, ihre Tagträumerei, ihre Spiritualität, ihre Neugier.

Wir spazierten den Hügel hinauf und erreichten das große Fenster auf der Ostseite von Marias Atelier. Ich klopfte an die Scheibe. Maria, die über ihre Nähmaschine gebeugt saß, musste bis über beide Ohren grinsen. Frieda, ihr Rottweiler-Schäferhund-Mischling, fing zu bellen an, aber Simon beachtete die Hündin nicht. Das Getue von Hunden konnte ihn nicht beeindrucken. Er hatte schon zu viel gesehen, und ich habe den Verdacht, dass er Hunde als sehr niedere Lebensform betrachtet.

Maria kam durch die Seitentür gerannt und rief: »Simon!« Sie hatte eine Handvoll Hundekuchen mitgebracht, die er freudig verschlang. Langsam zeigte sich, dass er ein richtiger Müllschlucker war. Er fraß einfach alles: übrig gebliebenes Gemüse, Pasta, Brot und dessen Randstücke. Und nun Hundekuchen. Warum auch nicht?

Wir standen ein Weilchen am Straßenrand und strahlten um die Wette. Ich war stolz auf unseren Spaziergang; Maria freute sich über den Besuch. Simon ging es genauso. Wir trödelten noch ein bisschen herum und machten dann kehrt. Lulu und Fanny waren jetzt außer sich. Wir gerieten ihnen allmählich außer Sicht, und Simon erwiderte ihre Rufe mit einem rauen Iah. Er schien irgendeine neue Marschorder erhalten zu haben, denn nun trabte er – zu meiner Erleichterung – rasch über die Straße und zurück zum Weidezaun.

Ich gab Simon einen freundschaftlichen Klaps, öffnete den mit Proviant gefüllten Mülleimer und nahm drei harte Haferkekse heraus. Ich reichte sie ihm einzeln, und er kaute auf jedem bedächtig, sorgfältig und gründlich herum. Ich bedachte ihn mit Lob und Dankesworten. Die Abendsonne schob sich in die kristallgrauen Regenwolken, und eine sanfte Brise schlich aus dem Tal zu uns hinauf. Ich kraulte Simon die schmutzigen Ohren. Die Gnitzen und Bremsen stoben panisch davon, und ich spürte, wie sich Freude zwischen uns ausbreitete.

Unsere Arbeit hatte uns in die Welt hinausgeführt, unsere Beziehung definiert und unsere Zukunft vorgezeichnet. Wir blickten beide auf die Stadt hinab.

Simon, habe ich dir schon gesagt, dass sich in unserer Welt alles ums Geld dreht? Das ist alles, wovon sie reden, alles, worum sie sich sorgen. Wer hat in dieser Welt noch Zeit, mit einem Esel spazieren zu gehen, einen Esel kennenzulernen oder sich um ihn zu kümmern? Wir sind zu sehr damit beschäftigt, Entscheidungen zu treffen, Geld zu verdienen oder uns Sorgen um unsere Zukunft zu machen. Plateros Welt ist Vergangenheit. Ich weiß nicht, ob sie irgendwo auf unserem Planeten noch existiert.

Vielleicht können wir hier ein Stückchen von ihr neu erschaffen, in diesem kleinen Weiler im Norden von New York, weitab vom Gewimmel derer, die die wichtigen Entscheidungen treffen. Auf unserem Spaziergang hatte ich dieses Gefühl, ein gutes Gefühl, es war etwas Mächtiges und Altes, etwas, für das sich Esel und Menschen früher Zeit genommen haben. Lass uns das wieder tun, Simon. Lass es uns versuchen, solange wir es noch können.

Simon lauschte mir, und seine Ohren zuckten, um jeden Tonfall, jede Regung in meiner Stimme einzufangen. Er schnaubte, kontrollierte meine Hände und Hosentaschen und ging zum Weidegatter.

Ich ließ das Halfter los, öffnete das Tor und brachte Simon hinein. Dann nahm ich ihm das Halfter ab, und er rannte mit den Eseldamen den Hügel hinauf zur Ständerscheune.

Zwei Esel unterwegs. Passt schon.

Neun
Fuchsattacke

Als Simon erstarkte und genas, veränderte er sich. Er wurde eher noch zutraulicher. Aber er entwickelte auch eine gewisse großtuerische Art, das Gefühl, dass er der Fürst der Weide sei – nicht einfach einer aus der Herde, sondern der Anführer selbst. Lulu und Fanny mussten ihn oft gegen den Kopf treten, aber das schien ihn nicht im Geringsten zu bremsen.

Mit gewölbter Brust stand er auf dem Hügel, und wenngleich seine Beine noch immer ein wenig wackelig waren, sah es so aus, als wäre es seine Farm, seine Weide. Das Geschöpf, das einst solche Entbehrungen hatte erdulden müssen, wurde nun zum Esel von Rang und Anspruch, vielleicht weil man ihn täglich so verwöhnte.

Es gab allerdings einen ganz bestimmten Moment, in dem Simon die ganze Rettungs- und Genesungsgeschichte hinter sich ließ (Tiere brauchen das niemals so sehr wie der Mensch) und sein natürliches Ich zur Geltung brachte – und das war alles andere als schüchtern oder kläglich.

Es war während der Großen Fuchsattacke des Jahres 2012, als Simon sein Potenzial offenbarte und die Führerschaft auf seiner neuen Farm festigte.

Wir hatten ein paar Hühner, darunter zwei rote Rhodeländer namens Fran und Meg. Eine der Hennen, die drei Meter vor mir im Gras pickte, wollte ich gerade fotografieren, als ich einen Schreck bekam: Im Sucher meiner Kamera sah ich nichts als Federn, die vom Himmel herabschwebten! Ich schaute hoch, und das Huhn war weg; auf dem Boden war nur noch ein Haufen Federn verblieben.

Ich spähte in alle Richtungen, konnte aber nichts entdecken. Es musste ein Habicht gewesen sein (schon seit Tagen sahen wir einen herumkreisen), der direkt vor meiner Nase hinabgestürzt war und sich unsere Henne zum Abendessen gekrallt hatte.

Wir hielten die Hühner in einem relativ sicheren Teil des Stalles. Außer mit dem Habicht hatten wir nie Ärger mit Raubzeug gehabt. Wir schreiben es immer den Eseln zu, dass Kojoten und streunende Hunde fernbleiben. Esel sind Wachtiere, die ihre Weiden samt allem Drum und Dran schützen. Wir hatten nie ein Problem mit einem Fuchs, aber von den Farmern hatten wir schon eine Menge über diese Tiere zu hören bekommen. Sie zählen zu den cleversten Tieren der Welt: Sie sind mutig, verstohlen und verfügen über eine große Intuition. Sie scheinen Strategien zu entwickeln, sich von den Menschen fernzuhalten, zu beobachten und abzuwarten.

Das erste Anzeichen für Ärger gab es, als ich einmal früh am Morgen aufstand, um die Hunde rauszulassen. Frieda, unser Rottweiler-Schäferhund-Mischling, begann wütend zu bellen, und unser Labrador Lenore, sonst ein friedliches Geschöpf, stimmte ein. Ich rannte zur Haustür und erblickte eine Nachbarin, die ihren Husky ausführte. Sie zeigte mit dem Finger auf die Weide.

Irgendetwas war da los. Ich lief hinaus und schaute gerade noch rechtzeitig den Hügel hinauf: Simon hatte den Kopf zum Angriff gesenkt und kam von der Ständerscheune den Hügel herabgelaufen. Ich guckte nach rechts und sah einen hellen Rotfuchs, der Fran im Maul hielt und mit ihr den Hügel zu erklimmen versuchte. Als er sah, dass Simon direkt auf ihn zukam, peilte er die Lage, ließ das Huhn fallen und floh unter dem Zaun hindurch, wo es einen kleinen Abflussgraben gab. Es war der einzige Ort, an dem Simon ihn nicht verfolgen konnte. Dann verschwand er hinter der Hügelkuppe. Fran taumelte zum Stall zurück und brach dort zusammen. Sie hatte tiefe Bissspuren an einem Bein und einem Flügel.

Simon starrte den Hügel hinauf; er schnaubte und prustete mächtig, als er den Fuchs fortrennen sah. Ich lief zur Nachbarin hinüber, und sie erzählte mir, was geschehen war.

Sie war mit ihrem Husky gerade hügelan spaziert, als sie sah, wie Simon im Kreis rannte und plötzlich eine Angriffshaltung einnahm. Ein Fuchs hatte Meg verfolgt, eine unserer Hennen. Sie war um ihr Leben gelaufen, hatte sich unter dem Gatter durchgequetscht und war über die Straße gerannt, wo sie sich vermutlich noch immer im hohen Gras versteckt hielt.

Der Fuchs hatte kehrtgemacht und die andere Henne zu erwischen versucht, die jetzt nirgendwo zu sehen war. In diesem Moment hatte ich Frieda hinausgelassen, und sie war ans Gatter gestürmt. Der Fuchs war stehen geblieben, hatte Frieda taxiert und war auf die andere Seite der Weide gerannt, ohne sich um Simon und Frieda zu scheren. Dort war er herumgeschlichen, bis er sich plötzlich auf Fran gestürzt hatte, die sich unter der Heuraufe versteckt hielt. Er hatte sie erwischt, aber da hatte ihn Simon auch schon erspäht und war erneut auf ihn losgegangen.

Ich dankte der Nachbarin und schaute zur Hügelkuppe hoch. Zu meinem Erstaunen sah ich dort den Fuchs am oberen Weidegatter sitzen. Er stierte zur Farm hinab und suchte nach den Hennen, die er beinahe fortgeschleppt hatte.

Ich rief den Nachbarn an, der oben auf dem Hügel wohnte. Ja, sagte er, hier oben gibt es einen Fuchsbau. Vier oder fünf Junge, und die Eltern sind unterwegs, um zu jagen. Nachdem er die Kleinen einmal gesehen hatte, brachte er es nicht mehr übers Herz, auf die Füchse zu schießen.

Ich hätte es übers Herz gebracht, zumindest anfangs. Niemand, der eine Farm und Hühner hat, würde wegschauen, wenn ein Fuchs kommt. Ich packte mein Gewehr und lief den Hügel hinauf. Der Fuchs starrte mich an. Auf halber Höhe legte ich mich auf den

Boden, zielte auf das Tier – ich hatte es genau im Visier – und drückte ab. Der Fuchs schaute mich an, als würde er fragen: »Soll das ein Witz sein?«, und trottete einfach davon.

Ich sagte Maria, dass wir uns auf etwas gefasst machen sollten. Wir hatten noch nie mit einem listigen Fuchs zu schaffen gehabt, und über die Hartnäckigkeit und Intelligenz dieser Tiere hatten wir lauter Horrorgeschichten gehört.

Wir hoben die arme Fran hoch (sie lebte, war aber übel zugerichtet) und brachten sie in den Stall. Maria holte ihre Salben, reinigte die Wunden und steckte das Huhn in eine Hundetransportkiste. Hühner sind zu verletzten Artgenossen nicht gerade nett; sie hacken sie zu Tode, wenn man sie in ihre Nähe lässt.

Wir überlegten, was wir mit den anderen Hühnern tun sollten, und zogen los, um die Überlebenden zu finden. Wenn Hühner angegriffen werden, flüchten sie sich in die nächstgelegenen Verstecke. Dort können sie einen ganzen Tag zubringen. Hühner haben keine natürlichen Verteidigungsmöglichkeiten und können den Räubern weder entfleuchen noch allzu schnell vor ihnen wegrennen. Bestenfalls können sie eine Schockstarre annehmen. Wir machten uns schon Sorgen, dass wir Meg nicht wiederfinden würden, aber Maria ging über die Straße und rief nach ihr, und prompt streckte die Henne ihren Kopf aus dem Gras und rannte quer über die Straße auf Maria zu wie ein verängstigtes Schulkind in die Arme seiner Mutter.

Viele Leute lasen diese Geschichte in meinem Blog

und schrieben mir in E-Mails oder über Facebook, ich solle unbedingt einen raubtiersicheren Schuppen bauen. Ich hatte aber schon lange genug auf meiner Farm gelebt, um zu wissen, dass dies nicht so einfach war. Hühnerställe, die Sicherheit vor tierischen Räubern bieten, sind kostspielig und am Ende doch nie wirklich sicher. Und uns war es wichtig, frei laufende Hühner zu haben. Wir sahen es gern, wenn sie eifrig auf der ganzen Farm herumstolzierten.

Außerdem konnten wir gegen den Fuchs ja auch ein paar Waffen einsetzen, die vielleicht etwas bewirken würden: Lulu, Fanny und jetzt, wie es aussah, auch unseren neuesten Helden, Simon.

Ich sah den Fuchs den ganzen Tag lang am oberen Rand der Weide hin und her streichen und nach seinem potenziellen Abendessen spähen. Ich konnte mir vorstellen, wie begierig er darauf war, seinem Nachwuchs Futter zu bringen. Er durchschaute meine Absichten. Immer wenn ich mit dem Gewehr aus dem Haus kam, verschwand er, und wenn ich hineinging, kam er wieder zum Vorschein. Auf dem Lande gibt es alle möglichen Raubtiere, aber kein Tier ist so listig und entschlossen wie ein Fuchs. Jeder Farmer, den ich kenne, hat mir schon Geschichten darüber erzählt, wie er von Füchsen ausgetrickst wurde. Ein Farmer aus meiner Nachbarschaft sagte, ich könne meine Hühner vergessen: »Der kriegt schon raus, wie er an sie rankommt. Er ist clever genug, sie direkt vor deiner Nase wegzuschnappen.«

Am nächsten Morgen fuhren Maria und ich mit

unserem Geländewagen bis ans obere Ende der Weide, und dort fanden wir den Fuchsbau. Er lag tatsächlich direkt oberhalb der Farm, und der Fuchs und seine Gefährtin konnten den Hügel hinabspähen und die Hühner beim Picken beobachten. Wir hatten sie für ein paar Tage eingesperrt, weil wir hofften, der Fuchs könnte von ein paar frischen Gelegenheiten abgelenkt werden – von Kaninchen oder Mäusen, vielleicht sogar von einem Waldmurmeltier –, aber sehr wahrscheinlich war das nicht. Er hatte ja schon eine Henne zwischen den Zähnen gehabt und von einer anderen ein paar Federn erhascht. Er würde nicht einfach woandershin gehen.

Der Bau hatte zwei Löcher, diesseits und jenseits einer Hecke. Füchse konstruieren sich Fluchttunnel. Als wir in die Nähe des Baues kamen, sahen wir drei Jungfüchse herauskriechen. Sie tollten umher, rangen miteinander und liefen im Kreis herum. Ich machte ein paar Fotos von ihnen und stellte sie auf meine Website. Das war's, sagte ich zu Maria. Nun kann ich keins von diesen Tieren mehr erschießen.

Und so war es auch. Es war mir nicht gegeben, die Fuchsmutter oder den Fuchsvater zu erschießen und hungernde Kleine zurückzulassen – und die Babys zu töten, brachte ich gleich gar nicht übers Herz. Vielleicht fühle ich nicht wie ein richtiger Farmer, aber ich konnte es einfach nicht. Wir mussten uns etwas anderes ausdenken.

Während wir uns Sorgen machten und den Kopf zerbrachen, war es so, als stünden wir unter Belagerung.

Die arme Fran war schrecklich zugerichtet. Ich wollte sie durch einen Gnadenschuss von ihrem Elend erlösen, aber Maria war entschlossen, sie wieder gesund zu pflegen.

Simon hatten wir wirklich unterschätzt. Er schien die Fuchsattacke persönlich zu nehmen. Lulu und Fanny rannten wild herum, wenn ein streunender Hund auftauchte oder ein Kojote, aber sie waren freundliche Zeitgenossen und hatten noch nie ein Tier so angegriffen, wie es Simon getan hatte.

Und das war nur der Anfang gewesen. Wie sich erweisen sollte, benötigten die Tiere unsere Hilfe gar nicht. Simon wurde augenblicklich zu unserem persönlichen Sicherheitsdienst. Er führte das Konzept des Wachesels zu neuen Höhen.

Bevor wir morgens die Hühner hinausließen, stieg Simon den Hügel bis zur Hälfte hinauf und nahm den Fuchsbau in Augenschein. Wenn der Fuchs zu seinem Patrouillengang auf dem Hügelrücken erschien, blieb Simon immer auf seiner Höhe; manchmal stampfte er mit den Hufen, deutete einen Angriff an oder setzte eine drohende Miene auf. Meg hielt sich stets in Simons Nähe. Wenn sie am Morgen den Stall verließ, kam Simon schon angelaufen, und sie flatterte auf seinen Rücken und ließ sich von ihm zur Heuraufe tragen, wo es so schöne Käfer und Würmer gab. Dort sprang sie hinab, und Simon bezog Stellung zwischen ihr und dem Hügelkamm, wo der Rotfuchs immer noch Streife lief.

Die Rhodeländer waren den Eseln immer schon

ab und zu auf den Rücken gehüpft, um dort nach Käfern und Flöhen zu picken, aber Meg war noch einen Schritt weitergegangen – sie benutzte Simon eindeutig als Schutzschild, als großen Bruder. Er wuchs in diese Aufgabe hinein.

Tagelang hielt Simon oben am Hügel Wache. Zwei- oder dreimal sah ich den Fuchs unterm Weidezaun durchkriechen und den Hügel hinabschleichen. Er schaffte immer nur wenige Meter, bis ihn Simon erspäht hatte und mit angelegten Ohren und gesenktem Kopf den Hang hinauflief. Während der Fuchs von mir nicht sonderlich beeindruckt gewesen war, nahm er Simon wirklich ernst. Ein wütender Esel im Angriffsmodus ist nicht gerade angenehm.

Der Fuchs trat dann den Rückzug an, huschte unter dem Gatter durch und ging eine Weile woanders jagen. Wir erwarteten nicht, dass die Waffenruhe lange halten würde, aber nach einer Woche war das Fuchsdrama schlagartig zu Ende.

Der Fuchs war verschwunden. Er kehrte niemals zurück. Wir sahen ihn nie wieder am oberen Rand der Weide, und nach einigen Tagen begannen sich Simon und die Hühner zu entspannen und in ihrer Wachsamkeit nachzulassen. Darauf hat der Fuchs doch nur gewartet, sagte ich mir, doch ich sollte mich täuschen.

Maria und ich fuhren auf den Hügel und sahen, dass der Bau leer war. Die Familie war weitergezogen, vielleicht in eine neue Bleibe, wo kein wachsamer Esel auf sie wartete. Es musste einfachere Wege geben, um an Nahrung zu kommen.

Und so änderte sich unsere Sicht auf Simon. Wie üblich wirkte er sehr zufrieden mit sich selbst, schön aufgeblasen und von der eigenen Wichtigkeit überzeugt. Er war jetzt der Obermacker auf der Farm, der Beschützer, der Vertreiber aller Raubtiere, unser Held. Ich platzte beinahe vor Stolz. Mein Großer, sagte ich immer wieder zu ihm, mein Großer. Bedlam Farm wurde wieder ein idyllischer Ort, Esel grasten auf dem Hügel, Hühner pickten überall im Gras.

Aber es war klar, dass es jetzt Simons Farm war, und er füllte seine Rolle mit allem Ernst aus. Ähnlich wie Hunde arbeiten auch Esel gern, und wenn man keine Arbeit für sie findet, suchen sie sich eben selbst welche – sie knabbern an Ställen und Bäumen, kauen auf Reifen herum, schleppen Dosen durch die Gegend und öffnen sie.

Simon aber hatte jetzt eine Rolle. Er war der Schutzesel der Bedlam Farm.

Zehn
Der Farmer

Während sich Simon erholte und sein Leben sich immer tiefer mit den Geschicken der Farm verwob, dachte ich weiterhin über seinen Vorbesitzer nach. Ich hatte erfahren, dass man ihn wegen Tierquälerei zu einer Geldstrafe von 125 Dollar verurteilt hatte. Aber sonst wusste ich nicht viel über ihn.

Eine seiner Nachbarinnen schrieb mir eine E-Mail, in der sie mich fragte, ob sie einmal vorbeikommen dürfe. Sie wolle Simon sehen und mit mir sprechen. Sie schrieb, für sie sei es wichtig zu sehen, wie es ihm jetzt ging.

Drei Tage später lenkte Jeannie ihren abgenutzten alten Toyota-Pritschenwagen in unsere Auffahrt. Ich sah gleich, dass es ein Farmtransporter war – voller Stroh, Kannen, Ketten und Ähnlichem, es war unverkennbar.

Jeannies hochgewachsene, schlanke und muskulöse Statur ließ mich vermuten, dass sie viel mit Pferden zu tun hatte. Ich schätzte sie auf Ende dreißig. Ihr Händedruck war kräftig, aber ich konnte sehen, dass ihr bang zumute war.

Sie sagte, sie habe Simon gesehen, als er fünf oder sechs Monate vor seiner nächtlichen Befreiung auf jene Farm gekommen war. Man hatte ihn zunächst neben dem Stall angebunden, aber eines Tages war er einfach verschwunden. Seither hatte sie ihn nicht mehr zu Gesicht bekommen. Sie war auf einer Farm bei Rochester aufgewachsen und hatte selbst zwei Esel, die sie sehr mochte. Ihr Gefühl sagte ihr, dass da etwas nicht stimmte. Sie sah Simon niemals arbeiten oder grasen und bekam auch nie mit, dass er gefüttert oder gebürstet wurde.

Sie hatte sich Sorgen um ihn gemacht, und hinterher fühlte sie sich schuldig, weil sie nicht die Polizei gerufen hatte. Als sie die Polizisten mit dem Transporter anrücken sah, nahm sie an, dass er vielleicht schon tot war.

Sie ließ den Blick über meine Farm schweifen und steuerte den Stall an. Simon, Lulu und Fanny, die alle drei gelernt hatten, dass Fremde oftmals Leckerbissen mitbrachten, kamen den Hügel herabgelaufen, um sie durchzuchecken und ihre Taschen zu beschnuppern. Jeannie wusste, was sie tat. Nachdem sie mich um Erlaubnis gebeten hatte, griff sie in den Beutel in ihrer Jacke (Pferdemenschen haben immer so einen Beutel einstecken) und reichte jedem Esel auf dem Handteller einen Keks hin. Nachdem sie Simon kurz inspiziert hatte, lächelte sie. »Das haben Sie toll hingekriegt«, sagte sie. »Nach dem, was ich gehört habe, hat er damals ganz anders ausgesehen …«

Sie kraulte Simons Nasenflügel. Esel mögen das.

Ich fragte, was für ein Mensch Simons Vorbesitzer sei. Zuerst schüttelte sie den Kopf, dann zuckte sie mit den Schultern. Leute vom Lande sprechen nie gern über ihre Nachbarn, schon gar nicht mit Fremden. Nachbarn sind wichtig, und man muss sie sich gewogen halten.

»Nun ja«, sagte sie schließlich, »er ist ein stiller Mann, weder freundlich noch feindselig.« Wenn man Hilfe brauche, freue er sich, einspringen zu können, aber er rede nicht gern, und seinen Sohn oder seine Frau bekomme sie selten zu Gesicht. Er wolle keinen näheren Kontakt, keine gegenseitigen Besuche. Sie habe die Botschaft verstanden und respektiere das. Sie habe um die Farm herum ein paar Pferde gesehen. Vermutlich habe er mit ihnen gehandelt oder sie gekauft. Sie standen draußen auf der Weide hinterm Haus. Als Dach überm Kopf hatten sie einen kleinen Ständerschuppen, und sie wirkten kräftig und gesund.

Jeannie hatte bemerkt, dass es mit der Farm ein bisschen den Bach hunterging; sie vermutete, dass der Farmer gerade eine schwere Zeit durchmachte. Sie habe ihn immer für einen anständigen, hart arbeitenden Mann gehalten, aber offensichtlich habe sie sich da getäuscht. Kein anständiger Mensch hätte es zugelassen, dass ein Tier derart litt.

»Sie hätten ihn ins Gefängnis stecken sollen«, sagte sie mit ruhiger Stimme.

Ich nickte, erwiderte aber nichts. Als Jeannie fortgefahren war, ging ich auf die Weide, um Simon zu striegeln und seine Beine zu kontrollieren. Dabei musste ich noch immer an ihre Worte denken.

War es wirklich so? Ich höre solche Urteile häufig – Leute, die Tiere misshandeln, sollten ins Gefängnis. Es heißt auch, man solle niemandem über den Weg trauen, der Tiere nicht liebt. Mit solchen Leuten sei etwas nicht in Ordnung.

Ich empfinde das nicht so. Ich habe gute Freunde, die keinen Bezug zu Tieren haben und trotzdem gute Menschen sind. Ich habe den Eindruck, dass Tierliebe in den USA zu einer Art Religion geworden ist, zu einem Glauben. Wenn man sich die Nachrichten anschaut, sieht man manchmal ein wütendes und gewalttätiges Land, aber wenn dem so ist, sind Tiere seine weiche Stelle, sein erbarmungsvoller Herzschlag.

Die Definition von Gnade lautet: »Mitfühlende oder gütige Nachsicht gegenüber einem Straftäter, einem Feind oder einer anderen Person, die man in seiner Gewalt hat.« Und Mitgefühl wird so definiert: »Ein Gefühl von tiefer Anteilnahme und von Bedauern für jene, die von einem Unglück betroffen sind.« Mitgefühl ist der sehnliche Wunsch, das Leid der anderen zu lindern.

Sollte der Farmer nicht auch ein wenig Anspruch darauf haben? Oder hatte er sein Recht verwirkt, indem er Simon so schlecht behandelt hatte?

Erbarmen und Mitgefühl sind in der Beziehung des Menschen zu Tieren tief verwurzelt. Hunderttausende engagieren sich in der Tierrettungsbewegung; sie machen bedürftige Tiere ausfindig, transportieren sie quer durchs Land, schenken ihnen ein neues Zuhause und pflegen sie gesund. Im ganzen Land gibt es Tausende »No Kill«-Stationen, wo Tiere, die man sonst eingeschläfert hätte, umsorgt und gefüttert werden.

In den USA stimmen Linke und Rechte in beinahe nichts überein, aber wenn es um Tierliebe und die gute Behandlung dieser Geschöpfe geht, sind sie einer Meinung. Man findet schwerlich andere Themen oder andere Bewegungen, die so unangefochten sind und derart unterstützt werden wie die liebevolle Fürsorge für Tiere in Not.

Was es allerdings nicht gibt, ist eine nationale Rettungsgruppe für Menschen – es herrscht kein Konsens darüber, wie man den Armen helfen soll und ob es überhaupt nötig ist. Die Sozialhilfebudgets sind im ganzen Land drastisch gekürzt worden, während die Boni an der Wall Street in den Milliardenbereich emporschnellten. Ich bin kein politischer Mensch. Ich staune nur über diesen Widerspruch und wundere mich, wie eng gefasst das Verständnis von Erbarmen und Mitgefühl sein kann.

Für mich persönlich entsteht Mitgefühl (wie auch mein Schreiben), wenn ich mich an den Rand meiner Komfortzone bewege. Ich weiß, dass manche Leute, die ihre Tierliebe beteuern, bisweilen wenig Barmherzigkeit gegenüber Menschen zeigen.

Ich habe erlebt, wie die Meute im Internet wegen grausamer Menschen und misshandelter Hunde vor Wut kochte. Mit der großen Zahl von Leuten, die im Namen der Tierliebe Menschen attackieren, kam ich zum ersten Mal in Berührung, als ich *A Good Dog* (Ein guter Hund) geschrieben hatte. Darin geht es um meine Entscheidung, meinen Border Collie Orson einschläfern zu lassen, nachdem er drei Menschen gebissen hatte.

Digitale Mobs töten selten Menschen, aber in ihrem Schwarmverhalten finde ich wenig Gnade und Mitgefühl. Tausende von Seiten sind in den sozialen Medien Horrorgeschichten über Menschen und Tiere gewidmet, und die Wut, die ich dort manchmal vorfinde, verschlägt einem wirklich die Sprache.

Wo war mein Platz in alledem? Tiere haben mich jedes Mal besser gemacht, wenn ich mich für sie öffnete. Konnte ich das Gleiche gegenüber Menschen empfinden? Konnte ich lernen, geduldiger zu sein, nicht so rasch zu urteilen?

Ich glaube, ich wusste schon in dem Moment, als ich Simon zum ersten Mal sah, dass ich den Farmer aufsuchen musste; ich musste seine Farm sehen und zu verstehen suchen, was dort passiert war. Mir blutete das Herz für Simon und für das, was er durchlitten hatte, aber er war auch ein Spiegel. Indem ich für ihn Gefühle zeigte, musste ich das auch für den Mann tun, der ihm so etwas angetan hatte. Sie waren keine voneinander getrennten Dinge, sondern Teile derselben Geschichte. Simon und ich und der Farmer waren alle drei miteinander verbunden – ein Teil des Abenteuers Leben, im Wechselspiel des Zufalls.

Plötzlich merkte ich, dass mein Mitgefühl gegenüber Simon im Grunde nicht wirklich ausreichte, wenn ich nicht zumindest zu begreifen versuchte, was diese Tierquälerei ausgelöst hatte. Wenn wir so etwas mit Tieren tun können, können wir es auch mit Menschen tun, und letzten Endes tun wir es mit uns selbst. Esel haben den Menschen immer Botschaften überbracht, von Jesus über die Kabbala bis hin zu Simon auf meiner Weide. Simon war gerade dabei, mein Herz zu formen – oder vielleicht, es umzuformen.

Es reichte nicht aus, wenn ich verdammte und urteilte und die Sache danach abtat. Für mich war das nicht der richtige Pfad hin zu einem voll entfalteten Menschen. Ich wollte vor dem, was der Farmer getan hatte, nicht weglaufen. Ich wollte mich im Gegenteil hineinbegeben, mich selbst in seine Lage versetzen.

An einem warmen Julimorgen fuhr ich in jene Kleinstadt nördlich von Albany, in der Simon gelebt hatte. Die Adresse hatte ich in der Zeitung gesehen, als der Farmer vom örtlichen Gericht zu einer Geldstrafe verurteilt worden war. Seit 2008 die Rezession zuschlug, berichteten Tierschutzbeauftragte, dass immer mehr Menschen es sich nicht mehr leisten konnten, für ihre Tiere zu sorgen – Hunde und Katzen wurden auf der Straße ausgesetzt oder in Tierheime gebracht, und Nutztiere bekamen nicht mehr ausreichend Futter und keine angemessene Behandlung bei Krankheiten und Verletzungen.

Viele kleine Farmen drohten unterzugehen, und während die Farmer den Kopf über Wasser zu halten versuchten, mussten sie an allen Ecken sparen. Das war, wie mir ein befreundeter Farmer erzählte, nicht etwa eine Entscheidung, mit der irgendjemand glücklich gewesen wäre; es war ein Vorgang, der den Menschen die Seele auffraß. Häufig waren diese Farmen über Generationen in Familienbesitz gewesen. Niemand wollte derjenige sein, der diese Tradition beenden musste. Niemand wollte loslassen.

Ich war lange Jahre Reporter in großen Städten gewesen – in Washington, Philadelphia, Boston oder Atlantic City. Ich fürchte mich nicht davor, an Menschen heranzutreten, die eigentlich nicht mit mir reden wollen, und ich habe gelernt, wie man mit Menschen spricht, selbst dann, wenn es nicht gerade angenehm ist.

Diesmal aber war mir bang zumute. Es musste hart für diesen Mann gewesen sein, als die Polizei gekommen war und seinen Esel fortgebracht hatte und als er selbst wegen Verstoßes gegen das Tierschutzgesetz angeklagt worden war – vor den Augen all seiner Nachbarn. Er würde sich bestimmt nicht über mein Auftauchen freuen. Es war unwahrscheinlich, dass er Lust hatte, mit mir zu reden. Aber ich war eher neugierig als nervös. Ich wollte sehen, wie ich mich neben diesem Mann fühlte. Ich liebte Simon, und es war schwer, auf sein schreckliches Leiden zu blicken und dabei nicht zornig zu werden.

Ich brauchte anderthalb Stunden bis zu Simons ehemaliger Farm. Ich sah gleich, dass es sich um einen Ackerbaubetrieb handelte. Es gab einen kleinen roten

Stall, daneben stand ein altes Bauernhaus, und ich sah ein paar wacklige Einhegungszäune aus Holz, wie man sie benutzt, um Pferde einzupferchen. Drei Pferde standen am Gatter. Ich fand, dass sie ein bisschen dünn aussahen, aber nicht in beunruhigendem Maße.

Ein Landweg führte nach hinten auf Felder und Wiesen hinaus – einen Kornacker und ein paar Grasflächen zur Heugewinnung. Das Farmhaus war schäbig; von der Fassade blätterte die weiße Farbe ab, die Fensterläden waren zerbrochen, und Regenrinnen pendelten vom Dach hinab. Der alte Vorgarten war zugewachsen und sah aus, als wäre er seit Jahren nicht gepflegt worden.

Ich ging auf der Straße noch etwas weiter, um zu sehen, ob ich von dort den Pferch, in dem Simon gehalten worden war, besser erkennen konnte. Ein Stück weiter südlich hatte man tatsächlich freie Sicht.

Ich zog mein Fernglas aus der Kameratasche und schaute durch eine Lücke zwischen den Kiefern, die zur Straße hin die Sicht versperrten. Nun sah ich das Gehege ganz deutlich. Auf mich wirkte es wie ein alter Schweinepferch; der Maschendrahtzaun war hoch und sah ziemlich robust aus. Der First der aneinandergelehnten Holzpaletten – der einzigen Form von Dach, die Simon dort gehabt hatte – befand sich ungefähr einen Meter über dem Boden.

Um Schutz vor Sonne oder Regen zu bekommen, hatte sich Simon hinlegen und seinen Kopf unter die Paletten stecken müssen. Kein Wunder, dass seine Haut von der Regenräude schwarz geworden war.

Außerhalb der Paletten hatte er genug Platz gehabt, um zu stehen und sich herumzudrehen, aber viel mehr auch nicht. Im Pferch wuchs kein Gras, und so war sein einziges Futter wohl das Heu gewesen, das man ihm hinübergeworfen hatte. Dieser Pferch war ein Todesurteil; vom Farmhaus aus konnte man ihn nicht einsehen. Der Farmer musste noch nicht einmal mehr Simons Anblick ertragen; vielleicht hatte er ihn bereits für tot gehalten.

Simon hätte genauso gut im Pferdekorral leben können. Es gab hier offensichtlich etwas Heu, und hinter dem Haus fanden sich jede Menge Strauchzeug und Baumrinde. Esel können eine Menge Dinge fressen, wenn sie hungrig sind – und auch, wenn sie es nicht sind. In vielen Teilen der Welt wäre das ohnehin ihre alltägliche Kost gewesen.

Dieser Pferch war kein geeigneter Ort für einen gesunden Esel. Er war ein Gefängnis, eine Todesfalle.

Ich ging zum Auto zurück und legte meine Kameratasche in den Kofferraum. Sie mit an die Haustür zu bringen, wäre provokant und dämlich gewesen. Es konnte sein, dass der Farmer mit mir sprechen würde, aber wenn ich ein Foto von ihm machen wollte, würde er womöglich in Wut geraten.

Ich hielt inne, um tief durchzuatmen. Ich wollte nicht zornig sein. Ich war nicht gekommen, um ihn zur Rede zu stellen, sondern um ihn zu verstehen.

Ich ging an die Haustür und klopfte. Dann waren Schritte zu hören, und eine dünne, verhärmte Frau, die ich auf Ende vierzig schätzte, schob die Tür auf.

Nur ihr Kopf und ihr Arm waren zu sehen. Sie machte den Eindruck, als würde sie keine guten Nachrichten erwarten und keine freundlichen Besucher.

»Ja?«, sagte sie, ohne auch nur den Anflug eines Lächelns zu zeigen.

Ich erklärte ihr, wer ich war – dass ich jetzt den Esel besaß, den man ihnen weggenommen hatte. Ich wüsste gern, ob ihr Mann zu Hause sei. Nein, sagte ich, ich sei kein Reporter, ich sei Schriftsteller. Ich wolle nur versuchen zu begreifen, was geschehen war; ich wolle es von ihm selbst hören.

Sie war ängstlich, das konnte ich ganz deutlich sehen, und ohne die Einwilligung ihres Mannes würde sie gar nichts sagen. Er sei draußen, meinte sie. »Aber er würde sowieso nicht mit Ihnen sprechen. Nachdem die Polizei hier gewesen war, haben schon ein paar Reporter angerufen, und mit denen wollte er auch nicht reden.«

Ich versuchte ihr zu erklären, dass ich nicht gekommen war, um über sie oder ihren Mann zu urteilen, aber sie unterbrach mich. »Draußen beim Stall«, sagte sie und machte die Tür zu.

Das zeigte mir, dass sie Angst hatte. Vielleicht hatte sie ja einen Furcht einflößenden Mann. Ich gestehe, dass vor meinem inneren Auge ein sanfteres Bild von ihm gestanden hatte. Ich hatte versucht, mir meine Theorie über Gnade und Erbarmen aufzubauen, indem ich mir den Farmer als einen traurigen, erschöpften Mann vorstellte, der nicht grausam gehandelt hatte, weil er ein schlechter Mensch gewesen wäre, sondern aus völliger Überforderung. Ein Mann in verschlissenem Overall, nur noch damit beschäftigt, irgendwie durchzuhalten.

Als ich ums Haus ging, erblickte ich ihn im selben Moment wie er mich. Aus seinem Gesichtsausdruck erriet ich, dass er wusste, wer ich war. Er war überrascht, aber nicht schockiert; misstrauisch, aber nicht aufgebracht. Ich bin sicher, er wusste, wohin man Simon gebracht hatte, und er hätte leicht herausfinden können, wie ich aussah.

Er stand auf, drehte dem Rasenmäher, bei dem er gerade Öl nachgefüllt hatte, den Rücken zu und wartete darauf, dass ich zu ihm hinüberkam. Ich reichte ihm die Hand, aber er hielt seine Hände hoch, um zu zeigen, wie ölverschmiert sie waren.

Auch er schien Ende vierzig zu sein. Er trug Farmersachen – schmutzige Jeans und ein Arbeitshemd –, dazu aber spitz zulaufende Lederschuhe, die unpassend sauber waren. Definitiv nicht die Schuhe eines Farmers.

Er hatte einen vollen, rabenschwarzen Haarschopf, und ein paar Strähnen fielen ihm in die Stirn. Er blies sie sich immer wieder aus den Augen. In einem anderen Kontext hätte ich ihn für einen Rechtsanwalt gehalten. Seine Hände aber waren schmutzig und rau wie die eines Farmers. Er war schwer zu durchschauen.

Ich stellte mich vor und sagte: »Bitte verzeihen Sie, dass ich unangekündigt komme, aber ich dachte, dass Sie nicht bereit gewesen wären, mit mir zu sprechen, wenn ich vorher angerufen hätte. Ich bin nicht hier, um zu urteilen oder Ärger zu machen.«

Er richtete sich noch ein wenig gerader auf, hörte mir zu und wischte sich die Hände an den Jeans ab. »Ich werde mit Ihnen nicht reden«, sagte er. »Mein Anwalt sagt, ich soll mit niemandem reden. Nein, ich rede mit Ihnen nicht.«

Ich registrierte, dass er nicht nach Simon gefragt hatte und offenbar nichts über ihn wissen wollte. So sagte ich von mir aus, dass Simon gesund und munter sei; alles sei gut ausgegangen.

Dann griff ich in meine alte Reporter-Trickkiste. »Hören Sie, viele Leute hatten Schlechtes über Sie zu erzählen. Ich bin Schriftsteller und werde eines Tages ganz sicher etwas darüber schreiben. Ich muss zu den schlechten Dingen nicht noch extra etwas hinzutun. Ich möchte nur gern wissen, was da eigentlich passiert ist. Vielleicht können Sie mir ein bisschen helfen. Danach verschwinde ich wieder aus Ihren Augen und Ihrem Leben.«

Er sah abgekämpft aus. Sein Blick wirkte kalt. Wenn er irgendetwas fühlte, zeigte er es jedenfalls nicht.

Ich sagte, dass ich seinen Namen nicht nennen würde; weder seine Identität noch die genaue Lage seiner Farm würden enthüllt werden. Ich brauchte ihn nicht einmal direkt zu zitieren; ich wollte nur seine Sichtweise kennenlernen und erfahren, was geschehen war.

Die meisten Menschen, die mit dem Gesetz in Konflikt gekommen sind, fühlen sich gekränkt und schlecht behandelt; sie wollen ihre Sicht auf die Dinge mitteilen, wollen ihre Geschichte herauslassen. Er hatte mich noch nicht rausgeworfen, obwohl er es umgehend hätte tun können. Ich hatte das Gefühl, dass er mir etwas sagen wollte.

Eine ganze Weile herrschte Schweigen, und ich respektierte das. Die meiste Zeit standen wir beide stumm hinter seinem Bauernhaus. Nun wusste ich, dass er mir etwas erzählen würde. Wie so viele meiner Interviewpartner hatte er darauf gewartet, dass ihn jemand fragte.

Er bat Simons wegen nicht um Entschuldigung. Er machte keinen Kniefall. Er sagte, er habe Simon nie haben wollen, ihn aber als Zugabe nehmen müssen, um die Pferde des Farmers aus Vermont zu bekommen. Der Farmer habe Druck gemacht, und da habe er Simon halt genommen. Er wusste nicht recht, wohin mit ihm, und so stellte er ihn erst einmal in den Verhau, einen ehemaligen Schweinepferch. Es sollte nur vorübergehend sein.

Aber dann habe es sich in die Länge gezogen, sagte er. Die Farm war schon seit einigen Jahren bankrott; er drohte sie zu verlieren. Er konnte kein Korn auf Kredit kaufen und hatte nicht genug Wiesenfläche, um sein eigenes Heu zu machen. Im vorigen Jahr hatte er seiner Frau und seinem Sohn keine richtigen Weihnachtsgeschenke mehr kaufen können. Jeden Tag riefen Leute an, denen er etwas schuldete, und er versuchte, mit dem Weiterverkauf von Pferden ein wenig Geld zu machen. In Übersee gab es einen Markt dafür.

Er habe kaum genug Futter für die Pferde gehabt, sagte er, kaum genug Essen für seine Familie. Er rechnete damit, dass die Bank bald die Zwangsvollstreckung einleiten würde; überhaupt lief das Ganze nur weiter, weil die Bank seine Farm ebenso wenig haben wollte wie er selbst. Er hätte nie gedacht, mal in so eine Lage zu kommen.

Ich sagte, ich wolle aufbrechen, hätte aber noch eine letzte Frage. »Sie haben doch sicher ein Gewehr«, sagte ich. »Warum haben Sie ihn nicht einfach erschossen?«

»Ich konnte nicht einmal mehr seinen Anblick ertragen«, sagte er. »Ich habe ihn gefüttert, solange ich konnte. Darüber kann ich wirklich nicht sprechen. Ich habe schon zu viel gesagt.« Er bat mich zu gehen. Ich nickte und verabschiedete mich.

Das Letzte, was der Mann zu mir sagte, war: »Ich dachte, er wäre schon tot.«

An diesem Morgen bekam ich nicht, wonach ich gesucht hatte. Es gab keine Schluchzer, keine Schuldeingeständnisse, kein Flehen um Gnade oder Verständnis. Wahrscheinlich hatte ich gehofft, er würde tränenerfüllt zusammenbrechen, und ich könnte ihm zunicken, ihm auf die Schulter klopfen und sagen: »Ich verstehe Sie ja, ich verstehe Sie ja …«

Meine Gedanken zum Thema Mitgefühl veränderten sich augenblicklich, zerbröselten vielleicht sogar. Mitgefühl war nicht *eine* Sache, sondern viele, und es bewegte sich ständig – mal schwebte es über dem Farmer, mal über seinem Sohn, dann wieder über Simon.

Auf der Heimfahrt dachte ich wieder und wieder über diese Begegnung nach. Der Farmer war am Ende; er war völlig zermürbt, gedemütigt und jetzt auch noch in die Falle geraten. Er konnte nicht mehr für seine Familie sorgen. Er konnte seine Farm nicht halten. Er war nicht mehr imstande, für einen hungrigen Esel zu sorgen. Er konnte kein Tier durchfüttern, das er nicht haben wollte und das sich nicht weiterverkaufen ließ. Was die Leute davon hielten oder was ich über ihn dachte, spielte für ihn längst keine Rolle mehr.

Ein Teil von mir wollte den Mann ohrfeigen, wollte ihn aufwecken. Gehen Sie hier weg, wollte ich sagen. Nehmen Sie Ihre Familie und gehen Sie hier weg, solange noch etwas von Ihnen übrig ist. Suchen Sie sich etwas anderes. Machen Sie sich wieder daran, ein Mensch zu werden.

Aber das stand nicht in meiner Macht. Ich erinnerte mich an seine toten Augen. Man konnte nicht mehr zu ihm vordringen.

Und dann dachte ich an die Frau und den Sohn des Farmers. Diese ganze Aufregung, all diese Mühe, um einen Esel zu retten und zurück ins Leben zu bringen.

Was würde mit diesen beiden werden? Wer würde sich um sie sorgen?

Elf
Eine Aufforderung

Als ich von meinem Besuch beim Farmer zurückkehrte, ging ich zum Stall hinüber. Ich hatte das heftige Bedürfnis, Simon zu sehen. Das ganze Erlebnis war so traurig gewesen, und ich hatte nicht bekommen, was ich mir gewünscht hatte: einen guten Grund, um diesem Mann gegenüber Erbarmen und Mitgefühl zu zeigen.

Oder vielleicht doch?

Ich schaute den Hügel hinauf und sah Lulu und Fanny am Gatter zur rückwärtigen Weide stehen. Sie wirkten unruhig, als hätten sie etwas Neues oder Merkwürdiges erspäht. Eseln entgeht nichts, und wenn ich mitbekomme, dass sie angestrengt auf etwas starren, dann weiß ich, dass es wirklich Aufmerksamkeit verdient hat.

Simon konnte ich nicht sehen, und das verblüffte und beunruhigte mich. Esel bleiben immer nahe beisammen; sie traben nicht für sich allein los. Ich dachte, dass er vielleicht in der Ständerscheune lag und sich ausruhte, und so spazierte ich den sanften Wiesenhang hinauf. Aber dort war er nicht.

Das war nun wirklich alarmierend. Ich rannte zu Lulu und Fanny hinüber und schaute von dort den Hügel hinab. Simon war in der rückwärtigen Weide, neben der Heuraufe, wohin wir ihn ganz am Anfang gebracht hatten. Damals hatte er dort tagelang schwer krank herumgelegen. Ich konnte mir nicht vorstellen, weshalb er ausgerechnet an diesen Platz zurückgekehrt war.

Ich lief den Hang hinab und näherte mich Simon.

Er lag aufrecht da, genau an der Stelle, wo ich ihm *Platero und ich* vorgelesen hatte, wo ich mit seinen Medikamenten und mit Heu vorbeigekommen war und wo ich mit ihm geredet und er mir, wie es schien, zugehört hatte.

Simon verfolgte mich mit den Augen, als ich den Hügel hinablief. Anders als sonst rührte er sich nicht vom Fleck, als er mich sah, und er iahte auch nicht. Er kauerte einfach nur still da und blickte mich an. Ich war sicher, dass mit ihm etwas nicht in Ordnung war. Esel legen sich selten hin, denn es macht sie für Raubtiere angreifbar; außerdem liebte er es, mit Lulu und Fanny zusammen zu sein.

»Simon, alter Junge, ist alles okay?«, fragte ich ihn.

Ich ging die Checkliste durch:

Seine Ohren waren aufgerichtet.

Seine Augen waren groß und klar.

Sein Atem ging regelmäßig und kräftig.

Vielleicht hatte er etwas gefressen, das er nicht vertrug, und war einfach zu einem Platz gegangen, an dem er sich ausruhen konnte?

Ich setzte mich neben ihn auf den Boden. Ich hörte, wie er ein leises Iah ausstieß, fast ein Keuchen. Ich überlegte, ob ich Ken Norman anrufen sollte oder den Tierarzt, aber Simon schien es gar nicht schlecht zu gehen. Ich wusste, wie er dann aussah. Ich befahl mir, innezuhalten und nicht gleich ein Drama daraus zu machen, nicht gleich in den Krisenmodus zu verfallen.

Es war etwas sehr Friedliches an Simon, etwas Erwartungsvolles, als hätte er sich schon danach gesehnt, dass ich nach Hause zurückkehrte und zu ihm kam.

Mit solchen Projektionen bin ich immer vorsichtig, aber ich habe auch gelernt, dass man ein Tier genauso schnell unterschätzen kann, wie man es überschätzt. Ich habe gelernt zu warten, zuzuhören und meinen Instinkten zu vertrauen. Ich hatte nicht das Gefühl, dass etwas nicht in Ordnung war. Es kam mir nicht angebracht vor, ans Telefon zu stürzen oder einen SOS-Ruf abzusetzen. Ich hätte etwas Wichtiges verpassen können.

Und so beschloss ich, gar nichts zu tun. Zu warten. Wir schauten beide auf die Kühe, die in der Ferne auf einer Weide grasten. Unser wachsamer Hahn Winston III. rief die Hennen zum Schlafplatz. Wir beobachteten die Hühner auf ihrem Weg in den sicheren Stall. Lulu und Fanny waren durchs Gatter gekommen; sie wollten nicht zu uns hinüberlaufen, waren vielleicht aber neugierig.

Wie sanft dieses milde Licht des späten Nachmittags doch war – genau das richtige Licht für einen Fotografen. Die Mücken waren langsam auf dem

Rückzug, und Wölkchen von Gnitzen stoben empor – bei warmem Wetter gibt es immer irgendwelche Insekten, die einen Esel piesacken.

Simon lag behaglich da. Er schien die sanfte Brise einzusaugen. Ich ging in den Stall, öffnete eine Kanne und holte einen seiner Apfelkekse hervor. Er schaute mir dabei zu, wie ich im Stall verschwand, blieb aber liegen. (Gewöhnlich kam er mir hinterher, da er weiß, wo all seine Kekse aufbewahrt werden.)

Ich ging wieder hinaus, setzte mich neben ihn und reichte ihm einen Keks. Er schnappte behutsam danach und zerkaute ihn laut und gemächlich, während ich ihn beobachtete. Es war wirklich alles in Ordnung mit ihm.

Was geschah hier also?

Ich hatte das Gefühl, Simon habe auf mich gewartet. Er war an die Stelle zurückgekehrt, an die man ihn zu seiner Heilung gebracht hatte. Hier hatte er stundenlang meine Stimme gehört und Abend für Abend an meiner Seite gelegen.

Ich erinnerte mich daran, wie ich einmal auf die Weide getreten war und gesehen hatte, dass Simon an irgendwelchen Zweigen oder Gestrüppteilen würgte, die er vom Boden aufgenommen hatte. Ich war zu ihm hinübergestürzt, hatte ihm die Arme um den Hals gelegt, von der Seite in sein Maul gefasst und den Batzen Wurzelwerk herausgezogen, der sich in seiner geschwollenen Wange verfangen hatte.

Wir hatten beide eine Menge durchgestanden, und wenn man mit einem Tier eine solche Wegstrecke gemeinsam geht, entsteht eine lebenslange Bindung. Etwas in ihm wird das niemals vergessen.

Ich erzählte Simon von meinem Besuch beim Farmer, von unserem kurzen Gespräch. Ich berichtete von der Kälte des Mannes, von seinen toten Augen. Ich erzählte ihm von der Farmersfrau und teilte ihm alle Eindrücke mit, die ich an jenem Ort gewonnen hatte.

»Also, Simon«, sagte ich schließlich, »letzten Endes läuft es auf Folgendes hinaus: Wenn du wirklich mitfühlend bist, dann bist du es allen Wesen gegenüber, selbst denen mit toten Augen, kalten Herzen und erloschenen Seelen. Etwas in diesem Mann ist schon vor einer ganzen Weile gestorben, Simon. Ich weiß nicht, ob er sogar schon so geboren wurde oder ob ihn das Leben derart gebeutelt hat. Vielleicht war es der Kampf um seine Farm, der ihm die Seele abgetötet hat. So etwas habe ich schon bei anderen erlebt. Aber soll man nur bei guten Menschen Mitgefühl zeigen – bei Menschen, die man mag? Ist es in Ordnung, mitfühlend gegenüber einem Waschbären mit entzündetem Bein zu sein, aber nicht gegenüber einem Menschen, der so verloren ist, dass er dich nur ein paar Meter von seinem Haus entfernt verhungern lässt und hofft, dass du schon tot wärst?«

Ich sagte Simon, ich wisse nicht recht, was ich fühlen sollte, und ich wusste es wirklich nicht.

Wir lagen beide im Gras und sahen die Sonne untergehen. Es kam mir vor wie eine Ewigkeit, aber ich bin sicher, dass es nur eine Stunde war. Maria trat aus dem Haus und rief nach mir; sie hatte mein Auto gesehen und sich gewundert, wo ich geblieben war. Dann setzte sie sich zu uns.

Als es dunkel zu werden begann und wir unten in der Aue die ersten Grillen und Frösche hörten, stand Simon auf, schüttelte sich und trabte den Hügel hinauf, um mit Lulu und Fanny zusammen zu sein, die darauf gewartet hatten, dass er wieder durchs Gatter kam. Die drei entfernten sich bis an den oberen Rand der Weide, wo sie nachts oft Wache hielten, damit den Schafen nichts passierte.

Maria ging wieder ins Haus, und ich blieb auf der rückwärtigen Weide allein zurück. Ich war überrascht, wie viele Emotionen dieser Tag bei mir ausgelöst hatte. Simon ging es eindeutig gut. Ich schaute noch einmal den Hang hoch; er graste mit den anderen Eseln.

Heute glaube ich, dass Simon mich herbeigerufen hat – er hatte mich zu einer Meditation geladen. Esel sind die kontemplativen Vertreter der Tierwelt, und er hatte mich aus einem Grund zu sich bestellt, der vielleicht weder ihm noch mir richtig klar war.

Das Grillengezirpe und Froschgequake unten am Bach wurde immer lauter; es setzte sich in der Nacht fest. Die Gnitzen und Fliegen waren fort. Die Stechmücken waren aufgestoben, wurden aber durch die Brise zurückgehalten, die den Großteil der Nacht durch das Tal strich.

Ich musste weiterhin viel über Gnade und Barmherzigkeit nachdenken. Viele Theologen waren und sind der Meinung, dass Barmherzigkeit die höchste aller menschlichen Tugenden sei. Sie beinhaltet ein gewisses Maß an Größe und Edelmut. Es ist die selbstloseste aller menschlichen Emotionen, da sie uns dazu aufruft, die Nöte und Bedürfnisse anderer Menschen großzügig zu stillen, und zwar mit unserem eigenen Vorrat an Geist oder Wohlstand. Wir schöpfen aus unseren eigenen Beständen an Reichtümern, Wissen, Fähigkeiten oder Stärke, um anderen zu helfen, und wenn wir wirklich mitfühlend sind, tun wir das jedes Mal, wenn wir ein fühlendes Wesen sehen, das Hilfe und Beistand benötigt.

Thomas von Aquin etwa glaubte nicht, dass wir aus Großzügigkeit oder Mitleid barmherzig zu Tieren sein sollten. Wir sollten barmherzig zu ihnen sein, weil uns dies lehrte, auch gegenüber unseren Mitmenschen Barmherzigkeit zu üben.

Zu seiner Zeit glaubten die meisten großen Denker, Tiere stünden auf einer niedrigeren Stufe als Menschen, da sie kein Bewusstsein hätten und stets dem Vergnügen vor der Tugend den Vorzug gäben. Heutzutage glauben viele Menschen, Tiere stünden sogar auf einer höheren Stufe, und wenn ich mir die Fernsehnachrichten anschaue, denke ich manchmal, dass es überzeugende Argumente dafür gibt.

Barmherzigkeit war und ist in Wahrheit eine einfache Sache, zu Zeiten Thomas von Aquins wie heute. Es ist eine positive, für das Wohl des anderen vollzogene Handlung, bei der man ein Elend lindert. Und die schlimmste Art des Leidens, so schrieb Thomas von Aquin, sei das Leiden und Unglück, das jene befällt, die es in keiner Weise verdient haben, nämlich die Unschuldigen.

Diese Gruppe schließt meiner Meinung nach die Tiere ein. Simon war ein Unschuldiger, ein Geschöpf von moralischem Wert. Er hatte keinen Begriff von Habgier, Zorn, Rache oder Neid. Ich glaube, das Leiden der Tiere berührt den Menschen so tief, weil es so grundlos ist, so unmöglich zu rechtfertigen.

Tiere sind von uns abhängig, sie sind uns ausgesetzt; wenn wir sie schlecht behandeln, machen wir uns selbst klein, zerstören wir unser eigenes Menschsein.

Aber als ich auf meiner Weide stand, schien es mir, dass die Tierliebe viele Menschen weniger mitfühlend gegenüber ihresgleichen gemacht hatte. Die grundlegende Annahme, dass Tieren Rechte zustehen, geht heutzutage oft mit Feindseligkeit, Rage und Selbstgerechtigkeit einher.

Was sollte ich für den Farmer empfinden, der in Simons Geschichte so verloren dastand, und für seine Frau, die auch in diese Sache hineingeraten war? Was sollte aus dem Jungen werden, der Simon so gemocht hatte? Der versucht hatte, ihn zu füttern, und schließlich der Auslöser für seine Rettung gewesen war, indem er den Anruf getätigt hatte?

Als ich auf der Weide stand, wurde mir die Antwort klar. Ich musste für den Farmer genauso viel Mitgefühl empfinden wie für Simon, und das nicht etwa, weil ich moralisch überlegen gewesen wäre oder das Banner der Heiligkeit hätte schwingen wollen. Ich musste es für mich tun, für meine eigene Seele.

Ich verstand den Farmer nicht, und nichts von dem, was ich bei unserem Gespräch erfahren hatte, half mir zu verstehen, wie er seinen Geschäften hatte nachgehen können, während diese unschuldige Kreatur ein paar Schritte weiter am Verrecken war. Aber das war noch kein Grund, ihn zu hassen, oder auch nur, über ihn zu urteilen. Er hatte ebenso viel Mitgefühl verdient wie Simon, und in seinem Fall würde niemand vorbeikommen, um ihm zu helfen und ihn zurück ans Licht zu führen. Aber vielleicht würde er ja herausfinden, wie er es selbst schaffen konnte.

Ich erkannte, dass diese Betrachtung darüber, welches Quantum Mitgefühl der Farmer verdiente, eigentlich ein Dialog zwischen Simon und mir war. Nicht dass er die passenden Worte, die Sprachfähigkeit oder die nötigen Emotionen gehabt hätte, um sich an der Diskussion zu beteiligen oder seine eigenen Theorien zu dieser Frage zu haben. Aber er hatte diese Ader in mir aufgetan. Für jemanden wie mich, der eine Menge Wut und Pauschalurteile in sich trägt, war das ein Neuland, das voller Herausforderungen steckte.

Als ich in meinem Blog schrieb, wie sehr ich zögerte, über den Farmer zu urteilen, erhielt ich eine Menge Nachrichten von Lesern, die es gar nicht glauben mochten, dass ich nach alldem, was dieser Mann Simon angetan hatte, irgendwelches Mitgefühl für ihn aufbringen konnte. Was er getan hatte, sagten sie, sei zu abscheulich, als dass man es ihm vergeben könnte. Aber das, so dachte ich, war kein Mitgefühl.

Ich fragte mich immer wieder, weshalb tierliebe Leute so wutentbrannt den Menschen gegenüber sein können. Heutzutage werden Tiere vielleicht besser behandelt und mehr geschätzt als in jeder anderen Epoche der Menschheitsgeschichte. Warum engagieren wir uns so sehr, wenn sie geschunden und misshandelt werden, und suchen das Weite, wenn das Gleiche einem Menschen widerfährt?

Unsere Gesellschaft bietet uns wenig Gelegenheit, Barmherzigkeit zu zeigen. Die Armen und Sterbenden werden in Gettos und Pflegeheimen vor uns versteckt. Wir kommunizieren immer mehr durch Avatare und technische Hilfsmittel und hören immer seltener menschliche Stimmen und Geschichten. Unsere sogenannten Nachrichten sind zu einem Vehikel der Übertragung von Konflikten und Tragödien geworden, und wir verbringen immer mehr Zeit in unseren vier Wänden mit flackernden Bildschirmen, die unsere häufigsten Gefährten geworden sind.

Es ist leicht, dem Leiden auszuweichen, und noch leichter, sich emotional von den Menschen, die leiden müssen, abzukoppeln. Es gibt Millionen Tiere, die versorgt und untergebracht werden müssen, und es ist seltsam, dass die Idee der Tierrettung erst vor so kurzer Zeit aufgekommen ist, obwohl wir bedürftige Tiere schon immer um uns hatten.

Simons Rettung hat mich sehr beschenkt. Ich fühlte mich gut, als ich es tat; es war unglaublich befriedigend, und zwar auf tief greifende Weise. Außerdem überschüttete man mich aus der ganzen Welt mit Lob.

Und wissen Sie was – es war nicht einmal besonders anstrengend, es kostete nicht viel, und es war nicht weiter kompliziert, wenn man eine Weide besaß und einen Stall. Und ich hatte vier Ställe. Man brauchte nichts als Heu, verschiedene Arzneimittel und die Bereitschaft, die Weichteile eines Esels zu berühren. Ich darf sicher zugeben, dass ich angesichts der offenen Geschwüre, der Läuse und Maden von einer gewissen Zimperlichkeit war, aber Zimperlichkeit ist leicht zu überwinden, und ich hatte ja während meiner bisherigen Jahre auf der Farm schon eine Menge Erfahrung mit solchen Dingen.

Ich kam mir großherzig und edelmütig vor. In unserem Ort wusste jeder, was wir für Simon getan hatten. Ein jeder dankte mir und dachte, dass wir etwas Wunderbares geschafft hatten. Hier also hatte ich mein Mitgefühl und meine Barmherzigkeit eingebracht, dachte ich, hier, wo es einfach ist und schnell anerkannt wird – aber nicht dort draußen auf dem Lande bei jenem düsteren Mann und seiner verängstigten Familie.

Aber allmählich wurde mir bewusst, was Erbarmen und Mitgefühl tatsächlich bedeuteten und wohin ich von ihnen geführt werden wollte.

Ich ging ins Haus und schrieb dem Farmer einen Brief.

Sehr geehrter ...,
danke, dass Sie mit mir gesprochen haben. Ich
weiß das wirklich zu schätzen. Ich möchte Ihnen

sagen, dass es Simon gut geht und ich mich gut
um ihn kümmern werde. Ich nehme an, Sie ha-
ben getan, was Ihnen möglich war. Wenn ich Ih-
nen und Ihrer Familie irgendwie helfen kann,
zögern Sie bitte nicht, Kontakt zu mir aufzuneh-
men.

Und dann schickte ich ihn los.

Am nächsten Morgen brachen Simon und ich zu einem Waldspaziergang auf. Abgesehen von einem kleinen Kräftemessen – er wollte unbedingt nach links
abdrehen, um von dem Gras zu probieren, dessen
Duft ihm so gefiel – war unser Ausflug entspannt. Simon schien ganz bei der Sache zu sein und trottete
neben mir her. An jenem Morgen war es warm, und
ein schwacher Wind wehte den Pfad hinab. Das Ra-
scheln der Blätter schien Simon zu faszinieren. Ich bin
nicht sicher, ob er so etwas schon einmal gesehen oder
groß darauf geachtet hatte. Und auch ich hatte es seit
vielen Jahren nicht mehr beachtet.

Wir hielten immer wieder inne, sodass er sich hier
und da ein saftiges Blatt von den Ahornbäumen
schnappen konnte. Er blieb stehen und kaute bedächtig auf den Blättern herum. Langsam wurde mir klar,
weshalb über die Jahrhunderte hinweg so viele Schriftsteller gern mit Eseln durch die Gegend spaziert waren. Esel sind wunderbare Gefährten und wissen die

natürliche Umgebung zu würdigen; sie nehmen alles auf eine Art und Weise wahr, die ansteckend ist.

Ich sagte nicht viel, bis wir kehrtmachten und zurück zum Farmhaus gingen. Jetzt lugte die Sonne durch das Blätterdach, und es war, als beträten wir einen Tunnel aus Licht.

»Es ist leicht, über Barmherzigkeit und Mitgefühl zu reden«, sagte ich zu meinem Esel, »aber es ist nicht so einfach herauszufinden, wie man nach diesen Prinzipien leben kann.«

Zwölf
Die andere Seite des Mitgefühls

Die ganze Idee des Mitgefühls beruht auf
einem scharfen Bewusstsein für die
wechselseitige Abhängigkeit all dieser
Lebewesen, die allesamt Teil eines anderen
und mit anderen verknüpft sind.

Thomas Merton

Wenn man ein hilfloses Tier aus seinem Leiden oder von schlechter Behandlung errettet, entspringt daraus ein ganz spezielles Selbstwertgefühl, ja sogar eine Art Selbstgerechtigkeit. Als ich Simon rettete, gab es keine ambivalenten Kommentare und kein nachträgliches Anzweifeln; mir wurde nichts als Lob zuteil. Lob fühlt sich gut an. Ich merkte, dass auch Mitleid sich gut anfühlt. Es ist sowohl heilend als auch bestätigend, aber für mich war es noch dazu verwirrend und beunruhigend. Simon hatte alles in mir aufgewühlt.

Es ist so leicht, einem Tier in Not zu helfen, besonders wenn dieses Tier niedlich oder liebenswert oder empfänglich für die Hilfe ist – wenn es Zuneigung zeigt oder das, was wir Dankbarkeit nennen. Die Leute sagen mir, wie dankbar, wie voller Anerkennung Simon mir gegenüber zu sein scheint. Das hört man gern, aber ich habe lange genug mit Tieren zusammengelebt und sie studiert, um zu wissen, dass ich keinen blassen Schimmer davon habe, was Simon wirklich denkt.

Dankbarkeit ist eine sehr menschliche Emotion. Sie erfordert einen Sinn für Abläufe und für Schlussfolgerungen, über den Tiere meiner Meinung nach nicht verfügen. Wenn man Tiere füttert und ihnen Aufmerksamkeit schenkt – frisches Heu und ein Apfel pro Tag reichen schon aus –, binden sie sich sehr eng an die Menschen, von denen sie versorgt werden. Davon hängt ihr Leben ab, und ihre Instinkte lassen sie eine solche Bindung eingehen. Hunde und Esel leben schon sehr lange mit Menschen zusammen – sie wissen, wie das Spiel funktioniert. Simon spielt mit mir, als wäre ich eine Stradivari; wann immer er mich erblickt, iaht und seufzt er, bis er einen Keks oder eine Möhre bekommt. Wenn aber jemand anders mit einem Keks oder einer Möhre vorbeikommt, lässt mich Simon sofort stehen.

Vielleicht bedeutet der sehnsuchtsvolle Blick, den Simon mir schenkt, wirklich Dankbarkeit; vielleicht aber ist es auch nur die freudige Aufgeregtheit, die jedes Haustier zu bekunden gelernt hat, wenn es um Nahrung oder Aufmerksamkeit geht. Das mag sich zynisch anhören, ist aber nicht so gemeint. Simon hängt an mir; er hängt aber auch an den vielen

Hundert anderen Leuten, die ihn besuchen und ihm Karotten und Leckereien bringen. Wir sehen, was wir sehen wollen und was wir gerade brauchen. Dies ist die Rolle, die Tiere in unserer zerstreuten und intensiven Welt spielen.

Tiere können nicht weglaufen, keine pampigen Antworten geben, nicht anderer Meinung sein und unsere Hilfe nicht infrage stellen. Es gibt kaum Gesetze oder Bestimmungen, die unsere Fürsorge für sie regeln (wenn es überhaupt welche gibt). Sie können uns nicht verklagen, wenn etwas schiefgegangen ist, und auf Facebook können sie ihrem Kummer auch nicht Luft machen.

Als ich darüber nachdachte, wurde mir bewusst, dass ich die Gelegenheiten, bei denen ich Mitgefühl zeigen konnte, sorgsam ausgewählt hatte. Ich empfand kein besonderes Mitgefühl für Schlangen oder Kojoten, für Kühe oder für tollwütige Waschbären und Stinktiere. Ich fragte mich, wie groß mein Mitgefühl für Simon gewesen wäre, wenn er ein unangenehmes Naturell gehabt oder sich der Behandlung widersetzt hätte, statt mich mit seinen großen braunen Augen aufmerksam anzuschauen, wenn ich ihm etwas vorlas, und Kindern oder Besuchern so liebenswürdig entgegenzutreten.

Simon half mir zu erkennen, dass ich sogar noch wählerischer war, wenn es darum ging, Mitgefühl für Menschen zu empfinden. Ein Stück weiter im Tal wohnte eine sehr nette Frau, die Krebs hatte, und ich brachte ihr jeden Tag Essen vorbei und bot meine Hilfe an. Ein anderer Nachbar war ein schäbiger Trunkenbold, der in Einsamkeit und Armut lebte. Ich hatte nie daran gedacht, ihm Essen zu bringen oder ihn zu besuchen.

Ich begann zu verstehen, dass ich Entscheidungen darüber traf, wie ich mein Mitgefühl verteilen wollte, und dass ich diese Entscheidungen ständig nachjustierte. So hatten wir früher einen großen, schönen Hahn namens Strut. Ich habe ihn oft fotografiert und diese Fotos auf meinen Blog gestellt. Irgendwann begann er aggressiv zu werden, was bei vielen Hähnen vorkommt, und eines Nachmittags attackierte er Maria. Es war ein verstörender Angriff. Als Maria an ihm vorbeiging, stürzte sich Strut plötzlich auf ihre Beine und hackte und kratzte sie mit Schnabel und Krallen. Er ging immer wieder auf sie los, selbst nachdem sie ihm einen Tritt versetzt und ihn mit einem Eimer abgewehrt hatte.

Als sie ihm entkommen konnte, waren ihre Beine schon mit blutigen Stellen und Kratzern übersät. Maria gehört zu den Menschen, die sogar Spinnen und Nachtmotten sorgsam umsetzen; Mitgefühl entsteht in ihr auf viel natürlichere Weise als bei mir. Und doch hatte sie dieser Angriff ziemlich mitgenommen.

Ich ging ins Haus, holte mein Gewehr, lud es und trat auf die Weide hinaus, wo Strut mit seinen Hennen nach Käfern pickte. Ich schoss ihm durchs Herz; er war fast augenblicklich tot.

Als ich darüber in meinem Blog schrieb, bekam ich viele verständnisvolle Zuschriften von Farmern, die sich mit Hähnen auskannten und die gleichen Erfahrungen gemacht hatten. Ich erhielt aber auch viele Zuschriften von Heimtierhaltern, die ihrer Empörung darüber Ausdruck verliehen, dass ich den Hahn getötet hatte, statt ein neues Zuhause für ihn zu suchen oder ihn wenigstens irgendwie einzusperren oder abzusondern.

Eine Frau schrieb wutschäumend: »Ich nehme an, Sie würden sogar ein Schaf erschießen, wenn es Ihre Frau angreift!« Na ja, dachte ich, das würde ich tatsächlich tun.

Von all diesen Menschen bekundete kein einziger seine Sorge oder sein Mitgefühl für Maria, und niemand hatte Verständnis für die Idee, dass die Sicherheit eines Menschen genauso wichtig ist wie das Wohlergehen eines Hahnes.

Es gab also verschiedene Dimensionen in meiner Anwendung von Mitgefühl: Während ich danach strebte, gegenüber jenen Menschen und Tieren mitfühlend zu sein, die ich mochte und die mich mochten, fiel es mir schwer, mitfühlend oder empathisch gegenüber Menschen zu sein, deren Überzeugungen und Handlungen ich widerwärtig oder verstörend fand.

Ganz wie die Redefreiheit gehört das Mitgefühl zu jenen Prinzipien, die wir immer lobend im Munde führen, bis irgendetwas Schlimmes passiert. Danach reden wir nicht mehr so gern darüber.

Und trotzdem – bedeutete Mitgefühl nicht auch, dass man seine Empathie in einem breiteren Spektrum verteilen musste? Simon war in meine innere Welt

eingetreten. Es war leicht gewesen, sich in ihn einzufühlen; er hatte viele meiner eigenen schmerzlichen
Kindheitserfahrungen angerührt – Einsamkeit, Verlas-
senwerden, Vernachlässigung, Missbrauch. Ich hatte
nicht dieselben Dinge erlebt wie er, aber ich hatte, so
stellte ich mir vor, manches erlebt, unter dem auch er
gelitten hatte. Ich konnte mich damit identifizieren.

Strut wurde nicht die gleiche Empathie zuteil, und
das tut mir nicht einmal leid.

Ich begann zu lesen, was einige große Denker über
Mitgefühl geschrieben hatten – der Dalai Lama, Thomas Merton, der heilige Franziskus von Assisi, Platon,
Albert Einstein, Albert Schweitzer –, und ich begegnete immer wieder einer anderen Sicht auf dieses Phä-
nomen. Mitgefühl hat nicht wirklich mit unserer persönlichen inneren Welt zu tun, sondern mit der äußeren
Welt. Es erstreckt sich auf Lebewesen jenseits unserer
Höfe und Weiden. Und es erstreckt sich auf Menschen
genauso wie auf Tiere, wobei es Dinge, die uns nicht
gefallen, ebenso einschließt wie solche, die wir mögen – auch Tiere, die nicht niedlich und liebreizend
sind, sondern einfach nur leidend und hilfsbedürftig.

Meine Auffassung von Mitgefühl war verengt und
unmittelbar (meine innere Welt eben), aber es ist ein
viel größeres und komplexeres Konzept. Noch war ich
nicht einmal annähernd imstande, es zu verstehen –
weder in mir noch in der äußeren Welt.

Wenn ich mir die Fernsehnachrichten anschaute,
strömte mir vom Bildschirm wenig Mitgefühl entgegen. Bei Nachrichten aus Washington konnte ich

eigentlich nie welches ausmachen. In unserer Welt gibt es nicht viel Mitgefühl. Manchmal frage ich mich, ob überhaupt jemand (vielleicht abgesehen vom Dalai Lama) zutiefst und konsequent mitfühlend sein kann. Und selbst er sagt oft in seinen Reden und Denkschriften, dass er nicht annähernd so geduldig und mitfühlend ist, wie er es gern wäre.

Ist denn Mitgefühl nur ein ephemeres und unerreichbares Ziel für die Menschen, oder ist es wirklich möglich?

Viele unserer Führungspersönlichkeiten scheinen nicht fähig zu sein, sich in andere Menschen hineinzuversetzen. Stattdessen attackieren und verteufeln sie unablässig die Menschen, die vor ihnen stehen. Auch die Religion scheint mir oft von Konflikten und vorschnellen Urteilen durchzogen zu sein – jedenfalls bis Papst Franziskus erschien und ein tiefes weltweites Bedürfnis nach Mitgefühl und Empathie zu erkennen schien.

Wenn die Leute, die die Geschicke der Welt bestimmten, nicht viel Mitgefühl in sich hatten, worauf durfte ich dann hoffen? Okay, ich habe einen Esel gerettet, aber das wird nicht unbedingt das Wesen der Welt verändern. Oder vielleicht doch?

Als ich auf der Weide stand und darauf wartete, dass Simon mir sein Iah entgegensandte und herabgetrabt kam, um seinen morgendlichen Apfel zu empfangen und vielleicht ein wenig Balsam auf seine Wunden gestrichen zu bekommen, habe ich wahrscheinlich begriffen, dass Mitgefühl ein ähnlich mächtiges und bedeutendes Ziel ist wie die Spiritualität: ein Weg, der womöglich nie endet, eine Reise, die niemals vorbei ist.

Menschen haben ein Bedürfnis nach Mitgefühl, aber sie tragen auch eine Menge Zorn, Neid, Frustrationen und Groll in sich – alles Feinde des Mitgefühls.

Mir gefiel Mertons Aufruf zur Bewusstheit. Bei mir hatte dieser Prozess eingesetzt. Ich hatte mir das Mitgefühl bewusst gemacht, seine Allgegenwart, seine Wechselbeziehungen. Ein Esel in Not hatte diesen Prozess in mir angestoßen, und ich konnte nicht im Mindesten sagen, wie weit ich auf diesem Wege gehen würde – oder gehen sollte.

Mertons Idee – die wechselseitige Abhängigkeit aller Dinge – habe ich beim heiligen Franziskus wiedergefunden, bei Einstein und in fast allen großen Texten über das Mitgefühl. »Als ersten Schritt auf dem Weg zu einem mitfühlenden Herzen«, schrieb der Dalai Lama, »müssen wir unsere Empathie oder Nähe zu anderen Menschen entwickeln (...). Je näher wir einer Person stehen, desto unerträglicher werden wir es finden, wenn diese Person leidet.« Es ist keine Frage der physischen Nähe, sagt der Dalai Lama; es ist ein Gefühl von Verantwortlichkeit.

Wir sind nicht für uns allein. Wir sind alle miteinander verbunden. Ich, Simon, der Farmer, die Polizei, alle Esel und Menschen auf der Welt – wir sind eins. Ich liebe diese Vorstellung. Sie ist machtvoll und ergreifend, und doch ist es nicht das, was ich in meinem Kopf fühle, nicht das, was ich in der äußeren Welt beobachte, und nicht das, was in den Nachrichten kommt – in all diesen Auseinandersetzungen und Pressekonferenzen aus Washington, all diesen frommen und oftmals wütenden Erklärungen, die ich aus dem Munde von Leuten höre, die sich selbst »gläubig« nennen.

Ich frage mich, wie der heilige Thomas von Aquin mit einer der dominanten Ideen unserer Zeit umgegangen wäre – mit der Facebook-Idee, dem Begriff der Vernetzung, dem »Wir sind alle eine Familie«, der auf ein fast unvorstellbares Niveau gebrachten Verflechtung. Eine Milliarde Menschen, jeder mit jedem vernetzt. Ist ein vernetztes Medium das gleiche wie ein mitfühlendes? Ich glaube nicht.

Bald nachdem Simon auf die Farm gekommen war, lud man mich zu einer Frage-und-Antwort-Runde auf einer Facebookseite für Tierrettung ein. Die Seite hatte 200 000 Likes und strotzte vor Fotos, Videos und Berichten über Tierrettungen. Fast alle Kommentare waren wutentbrannt und rabiat. Auf mich machte die Seite den Eindruck eines Bienenstocks voller wütender Insekten.

Obgleich mir einige Leute für Simons Rettung dankten, enthielten die meisten Kommentare auf der Seite Horrorgeschichten über misshandelte, vernachlässigte oder ausgesetzte Tiere, und es gab nichts als Rage und Verachtung für die Menschheit, die für all diese Grausamkeiten verantwortlich sein sollte.

Ich fragte mich, ob man mitfühlend sein konnte, wenn man Tiere liebte und Menschen hasste.

Wenn wir alle eins sind, Teile desselben vernetzten Systems, warum empfinden wir dann so viel für das schlecht behandelte Tier, aber so wenig für die Menschen, die es schlecht behandeln?

Wenn ich Simon anschaute, konnte ich nicht anders, als mir auch Gedanken über seinen Farmer zu machen. Es erschreckte mich, welche Sorgen ich mir um ihn machte. Intuitiv hatte ich genau das getan, was der Dalai Lama empfahl. Ich erkannte, wie schlimm sein Elend war und wie sehr er gelitten haben musste, um seine Menschlichkeit derart einzubüßen.

Vielleicht war ich dazu fähig, weil ich selbst eine Farm habe. Ich bin Schriftsteller, kein Farmer, aber unter Farmern habe ich viele Freunde, und so konnte ich die zermürbende Brutalität ihres Daseins hautnah erleben, den ständigen Kampf, den Schmutz, Krankheiten, technische und finanzielle Probleme, das Ringen mit der Bürokratie und den Vorschriften – all die Dinge, die ihnen das Leben so schwer machen.

Über mehrere Jahre hinweg habe ich Farmer in ihrem Existenzkampf fotografiert, und so hatte ich die physische und emotionale Nähe, von welcher der Dalai Lama spricht, wenn es um Mitgefühl geht.

Ich konnte fast körperlich fühlen, wie Simons Besitzer ums Überleben gekämpft hatte, Tag für Tag, Jahr für Jahr, bis an einen Punkt, an dem seine Erschöpfung und Frustration ihm vielleicht alle Energie und alle Vernunft aus der Seele gesaugt hatte.

Ich teilte diese Gedanken auf der Tierrettungs-Website mit, und die Antwort kam schnell, wütend und erbarmungslos. Der Farmer sei ein Vieh, ein Monster; man solle ihn in den Knast stecken, abstrafen, foltern, ja sogar töten. Niemand hatte auch nur eine einzige Zeile Mitgefühl oder Verständnis für ihn aufzubieten – und ebenso wenig für seinen Sohn, der Simon immerhin mutig beigestanden hatte, als er zu verhungern drohte.

Dieser Hass und diese Rage waren schockierend für mich, verstörend; ein solches Verständnis von Rettung hatte für mich nichts Mitfühlendes. Ich lehnte es für mich ab; das war nicht die Richtung, in welche mich meine Erfahrung mit Simon führte. In mir hat immer etwas gegen die Auffassung aufbegehrt, dass die Liebe zu Tieren es rechtfertigt, Menschen zu hassen.

Mit Simon bin ich einen großen Schritt auf dem Weg zu einem mitfühlenden Herzen gegangen. Ich erkannte sie mit meinem Verstand und fühlte sie in meinem Herzen – jene Idee der Wechselbeziehungen, den Sinn meiner Erfahrung mit Simon, durch die ich mit der weiteren Welt verbunden wurde.

Wie wir mit einer Kreatur umgehen, so gehen wir mit allen Kreaturen um. Wenn wir uns vom Urteilen frei machen, lernen wir, was Mitgefühl ist und wie man es empfindet.

Einstein schrieb, es sei unsere Aufgabe, uns selbst zu befreien, indem wir unser Mitgefühl so ausweiten, dass es alle lebenden Geschöpfe und die ganze Natur in ihrer Schönheit umfasst.

Diese Idee gefiel mir sehr. In diese Richtung wollte ich gehen, hierhin sollte Simon mich lenken. Vielleicht war er ja deshalb zu mir gekommen, und vielleicht hatte ich ihn ja deshalb so bereitwillig in mein Leben aufgenommen und mich so leidenschaftlich um seine Heilung gekümmert. Vielleicht hat er mich ja deshalb so geöffnet.

Aber Einsteins Auffassung machte mich auch demütig. Mein Geist war noch nicht einmal annähernd bereit, sich zu einer so weiten und alles umfassenden Umarmung auszustrecken. Es würde so viel Wandel erfordern wie alles, was ich in meinem Leben bisher versucht hatte, zusammengenommen.

Ich bin nicht der Dalai Lama, nicht Merton und ganz sicher nicht Einstein. Die Stimme in meinem Kopf war leise und sanft: »Was ist da schon groß dran? Es ist doch bloß ein Esel.«

Viele finden es chic, brillante Menschen zu zitieren – und beachten dabei gar nicht, was sie eigentlich gesagt haben. Als ich Mertons Aufruf zum Mitgefühl las, fragte ich mich, ob Simon und ich nicht doch zu klein waren, um ihn vollkommen zu erfassen, und erst recht, um ihn mit Leben zu erfüllen.

Von all den Dingen des täglichen Lebens in Anspruch genommen – Arbeit, Geld, Familie, Freunde, Gesundheit –, ist mein Bewusstsein selten so weit, dass es das ganze Universum der Lebewesen berühren kann. Mich bewegt die Aufforderung, dass wir anerkennen sollen, alle eins zu sein, aber es fällt mir sehr schwer, solch ein gewaltiges Konzept immer im Gedächtnis zu behalten, wenn ich mein Leben führe, das mit lauter Kleinkram angefüllt ist. Und ich wurde entmutigt von der harten Realität dessen, was ich in der äußeren Welt sah, der Welt jenseits von Simon und mir.

Teil drei
Was Mitgefühl bedeutet

Dreizehn
Rocky

Wenn Simon der erste Schritt für mich gewesen war, die Bedeutung von Mitgefühl zu begreifen, so war Rocky, ein kleines blindes Pony, eine meiner schwierigsten Lektionen.

Im Winter 2010 zogen Woche für Woche heftige Blizzards über uns hinweg. Sie luden im Nordosten so viel Schnee ab, dass die Schneepflüge ihn nirgendwo mehr hinschieben konnten. Alle Farmer aus meiner Bekanntschaft machten sich Sorgen um ihre Ställe, und das aus gutem Grund.

Die meisten Ställe sind alt, gemeinsam mit Freunden und Nachbarn gebaut, haben nur dünne Dachsparren und sind mit Schieferplatten oder Schindeln gedeckt. Viele dieser Ställe wurden aus dem Holz der Scheinzypresse errichtet, denn die Farmer verfügten über eine sogenannte Dechsel, ein Werkzeug, mit dem sich Scheinzypressenstämme leicht bearbeiten ließen. Stalldächer haben meist ein Gefälle, sodass der Schnee hinunterrutscht, aber in jenem Winter war der Schnee schwer und nass, und durch den Klimawandel schwankten die Temperaturen enorm. Es schneite, dann wurde es wieder etwas wärmer, und danach fror es erneut. Neuer Schnee fiel und häufte sich auf den alten. Man konnte es im Vorbeifahren sehen: Riesige Schneemengen türmten sich auf den Stalldächern, und es gab keine einfache oder sichere Methode, sie loszuwerden.

Für die Stalldächer in meiner Gegend war es die schlimmstmögliche Kombination. Man konnte fast hören, wie sie unter dieser Last ächzten.

Auch für meine Farm war es ein harter Winter, und wir kontrollierten die Ställe beinahe täglich. Unsere Schieferdächer hielten stand, aber der Schnee war so schwer, dass es gefährlich war, am Stall entlangzugehen, falls er hinabrutschte; außerdem kamen dann auch gleich viele Schieferplatten mit hinunter.

Mehrmals pro Woche fuhr ich auf der Fernstraße 22 durchs Washington County, um Einkäufe zu machen, Freunde zu besuchen und in den Baumarkt zu gehen.

Ich liebe alte Ställe und Scheunen und habe Tausende Fotos von ihnen gemacht. Wenn ich so einen Stall betrete, nicken und winken die Farmer mir gewöhnlich zu, und wenn ich um die Erlaubnis zum Fotografieren bitte, sagt jeder: »Ja, natürlich, machen Sie nur!« Kein Farmer hat mich je gefragt, was ich mit den Fotos anfangen will oder warum ich überhaupt Ställe fotografiere.

Und so zerriss es mir das Herz, als die ersten Ställe zusammenbrachen. Im Februar und Anfang März war es dann so schlimm, dass man kaum mehr als ein paar

Meilen fahren konnte, ohne schon wieder einen schönen, großen, alten Stall zu sehen, der eingestürzt war.

Wir wussten alle, dass dies nicht nur zeitweilige Verluste waren. Niemand baute mehr große Ställe aus Scheinzypresse. Das Holz war zu teuer geworden, die Versicherung zu kostspielig, und viele der alten Ställe standen auf Grundstücken, die keine Farmen mehr waren, sondern Zweitwohnsitze oder Landhäuser. Wenn Farmer neue Ställe brauchten, verwendeten sie Konstruktionen aus Aluminium oder anderem Metall oder sogar Kunststoffplanen.

Ich fuhr an einem schönen alten Farmhaus an der Fernstraße 22 vorüber und sah, dass einer der beiden zugehörigen Ställe zusammengebrochen war. Die meisten alten Ställe waren mit Gerümpel gefüllt. Wenn die Farmer Glück hatten, kam ein Schrotthändler vorbei, nahm das dort gelagerte Metall mit und transportierte als Gegenleistung das Holz ab. Einige Zimmerleute verwenden gern altes Scheunenholz für ihre Restaurierungsprojekte, und manchmal bezahlen sie den Abriss eines eingestürzten Stalles.

Aber die meisten dieser zerstörten Gebäude begannen einfach an Ort und Stelle zu verrotten; viele von ihnen kann man heute noch sehen, geisterhafte Wesen aus einer anderen Welt.

Ich musste an diesem alten weißen Farmhaus schon hundertmal vorbeigefahren sein, ohne richtig hingeschaut zu haben. Im Frühjahr 2011, Simon war seit einigen Monaten bei uns, fuhr ich auf der Fernstraße 22 nordwärts und blickte zu dem eingestürzten

Stall hinüber. Er rahmte das alte Bauernhaus auf sinnträchtige Weise ein – wie ein Statement zu dem, was ich als Preisgabe des Landlebens durch das politische und wirtschaftliche System meines Landes wahrnahm.

Als ich diesmal genauer hinschaute, bekam ich einen Schreck: Vor dem Stall stand Simon, den Kopf gesenkt, und fraß das frisch sprießende Gras.

Ich konnte mir nicht vorstellen, was er dort zu suchen hatte, wie er dorthin gekommen war oder wie ein Esel, der ihm derart ähnlich sah, auf dieser Weide leben konnte, ohne dass er mir bisher aufgefallen war.

Ich fragte mich, ob ich vielleicht übermüdet oder benommen war. Ich lenkte den Wagen an den Straßenrand und bog dann in die Auffahrt vor dem alten Farmhaus ein. Es war seltsam: keine Autos, kein Lebenszeichen. Als ich ausstieg, sah ich, dass der Esel gar kein Esel war, sondern ein Pony, ein altes Appaloosa-Pony. Ich erinnere mich noch genau an diesen Moment. Was ich bei diesem Anblick verspürte, war Mitgefühl, das gleiche Mitgefühl, das ich für Simon empfand. Dieses Gefühl sollte mein Leben verändern.

Die Szenerie hatte etwas Ergreifendes und zugleich Machtvolles; das Pferd musste den ganzen Winter über draußen gewesen sein und vielleicht schon viele Winter davor, und doch hatte ich es niemals bemerkt. Warum war es mir diesmal aufgefallen? Und warum hatte ich dort vermeintlich Simon stehen sehen, obwohl das Pony ihm überhaupt nicht ähnelte? Sein langes Fell war von einem gelblichen Weiß. Selbst aus einer Entfernung von fast hundert Metern konnte ich erkennen, dass das Pferd von Kletten übersät und sein Fell stumpf geworden war. Vielleicht war das eingestürzte Gebäude sein Stall gewesen? Ich fragte mich, ob es noch einen anderen Unterstand zur Verfügung hatte. Links vom Pony stand ein zweiter Stall, verwittert, aber intakt.

Simon hatte mich für das schwere Los der Farmtiere sensibilisiert. Niemand hatte ihm Beachtung geschenkt, er hatte fast tot in seinem Pferch gelegen, und wenn nicht am Ende jemand die Polizei gerufen hätte, würde er heute nicht mehr leben.

Als ich genauer hinschaute, sah ich, dass das Pony sehr alt war und dass es offenbar gut gefüttert wurde. Ich rief ihm zu: »He, Pony!«, und es drehte den Kopf hin und her, als könne es mich nicht richtig orten.

Ich ging zur Haustür und klopfte. Ich sah, dass drinnen Licht brannte, und hörte Radiomusik. Ich klopfte noch ein paarmal und wartete ungefähr fünf Minuten. Ich wollte das alte Pony, das da vor seinem eingestürzten Stall stand, fotografieren. Auf mich wirkte es wie eine Metapher für das Leben auf dem Lande. Es war ein emotional aufgeladenes, zeitloses Bild, und es rührte mich sehr an. Aber ich wollte um Erlaubnis bitten. Auch wenn offenbar niemand zu Hause ist, spaziere ich nie auf den Grundstücken anderer Leute herum, ohne mir eine Genehmigung einzuholen. Sie ist mir nie verweigert worden, aber fragen will ich trotzdem.

Als ich gerade enttäuscht kehrtmachen wollte, ging die Tür auf, und eine ältere Frau trat heraus. Sie war sehr schön – kerzengerade, hochgewachsen und weißhaarig. Aus ihren blauen Augen schaute sie mich neugierig an, aber ihr Blick war durchdringend. Ich schätzte sie auf Ende sechzig. In Wahrheit war sie, wie sie mir später erzählte, 102. Ihr Name war Florence Walrath.

Sie liebte Pferde und hatte ihr ganzes Leben lang welche gehabt. Sie gehörte zu den Gründern des Cambridge Saddle Club. Das Pony hieß Rocky. »Er sieht nicht mehr so gut aus wie früher«, sagte sie und fügte lächelnd hinzu: »Aber na ja, ich auch nicht.«

Florence hatte eine bemerkenswerte Präsenz. Es war etwas an ihr, das Aufmerksamkeit verlangte; sie hatte eine ungewöhnliche Würde und jede Menge Selbstvertrauen.

Ich merkte sofort, dass sie etwas schwerhörig war, aber ich zeigte auf meine Kamera und dann auf Rocky. Da nickte sie und sagte, ja, sie habe verstanden.

»So ist das«, meinte sie. »Ich bin taub, und Rocky ist blind. Er ist dreiunddreißig Jahre alt und kennt seinen Weg über die Weide. Sie dürfen ihn gern fotografieren. Aber von mir lasse ich kein Foto machen.« Dann reichte sie mir die Hand und schob die Tür langsam zu. »Rocky und ich, wir drehen gemeinsam unsere letzten Runden.«

Ich ging zum Gatter der Weide und machte ein paar Aufnahmen. Ich erinnere mich noch, dass es einfach war, das Motiv ins Bild zu fassen. Rocky graste genau vor dem eingestürzten Stall, der einst ziemlich hübsch gewesen sein musste.

Gleich am Gatter stand ein Ahornbaum, was einen perfekten Bildaufbau schuf. Der intakte Stall befand sich zur Linken, sodass seine rote Mauer die linke Bildseite abschloss.

Da war also dieses alte Pony vor einem zusammengebrochenen Stall – beide auf ihre Art Symbole einer untergegangenen Welt. Das Foto berührte mich. Es sagte viel über das ländliche Leben und seine Mühsal aus. Warum hatte ich das nicht früher gesehen, nicht früher gefühlt?

Ich denke, dass Simon der Grund dafür war. Damals nahm ich es an, heute weiß ich es. Tiere waren für den Menschen schon immer aussagekräftige Symbole: magische Helfer, Beschützer, Wegweiser und Gefährten. Vielleicht war Simon ja zu mir gekommen, um mich zu neuen Erfahrungen zu geleiten und mich für Gefühle und Emotionen zu öffnen. Nach diesem ersten Besuch schaute ich regelmäßig bei Rocky vorbei. Florence Walrath kam oft hinaus unters Vordach, um mit mir zu sprechen. Sie wurde langsam gebrechlich und schwächer und konnte nicht mehr gut hören und sehen. Trotzdem schätzte ich unseren kurzen Kontakt. Sie war eine charismatische, starke Person. Sie erzählte mir, dass sie trotz ihrer nachlassenden Gesundheit ihr Haus niemals aufgeben würde. Ich glaubte ihr.

Rocky hatte ungefähr zwei Hektar Weideland zum Herumstreifen und war stets draußen gehalten worden, ohne einen Unterstand. Florence sagte, sie könnte es nicht ertragen, sich von ihm zu trennen, aber gleichzeitig hatte sie immer weniger Kraft, sich um ihn zu kümmern. Ich kam häufig mit ein paar Äpfeln vorbei, spazierte zum Zaun und rief Rockys Namen. Anfangs drehte er sich weg, wenn er mich hörte, und versteckte sich hinterm Stall. Später aber kam er nahe heran, und ich kletterte über den Zaun, der meistenteils ohnehin zusammengefallen war, sodass die Weide zur Straße offen lag. Nach ein paar Wochen kam Rocky schnuppernd zu mir hinüber, und ich reichte ihm den aufgeschnittenen Apfel auf meiner Handfläche. Er suchte ihn mit seiner Nase, nahm ihn behutsam auf und legte ihn auf dem Boden ab, wo er ihn zerkleinern konnte.

Rocky hatte sein halbes Leben allein auf dieser Weide zugebracht, immer ohne ein Dach überm Kopf. Er fand seine eigenen Wasserquellen und ging kreuz und quer über die Weide, um an seinen Lieblingsstellen zu grasen. Im Winter fütterte ihn Florence mit Korn und warf ihm von der Stallrückseite aus Heu zu. Die Männer vom Futterhandel erzählen immer noch davon, wie sie mit dicken Getreidesäcken für Rocky auf Florences Farm fuhren. Wenn das Wetter schlecht war, konnten sie manchmal erleben, wie die hundertjährige Florence ihnen einen Weg durch den Schnee freischaufelte. Das war schon eine besondere Frau, sagten sie.

Florence liebte Rocky, aber auf die handfeste Art eines Farmermädchens. Mitgefühl beinhaltete für sie nicht Leckerbissen, Decken und Heizkörper, Tierarztbesuche oder sorgenvolle Gedanken darüber, wie es ihm wohl bei Regen und Schnee ergehen mochte. Florences Geschenk an Rocky war das Leben. Ansonsten war er sich weitgehend selbst überlassen.

Als ich zum ersten Mal Fotos von Rocky auf meine Website und meine Facebook-Seite stellte, erhielt ich eine Flut von besorgten Nachrichten. Das arme Pony, eine blinde Kreatur, ganz auf sich selbst gestellt, noch dazu mit eingestürztem Stall. Ob ich Rocky nicht retten könne? Ihn auf eine Tierrettungs-Station schaffen? Ihm einen neuen Stall bauen? Ihn unter ein schützendes Dach bringen?

Rocky schien meiner nie zu bedürfen, ganz im Gegenteil. Er war erstaunlich gewandt darin, allein herumzulaufen und für sich zu sorgen. Er schien sich auf dem Grundstück eine Reihe von Trampelpfaden angelegt zu haben, denen er stets folgte. Einer führte in den südlichen Teil der Weide, in die Nähe der Umzäunung, die keine Drähte hatte, sodass er eigentlich jederzeit hätte hinausspazieren können, was er aber nicht wusste. Ein anderer ging in den hinteren Teil der Farm, wo in einem Bachlauf Wasser floss.

Für viele Menschen aber bedeutete Mitgefühl, ihn als hilfloses und rettungsbedürftiges Wesen zu betrachten. Von Anfang an bombardierte man mich mit Nachrichten, in denen es hieß, man müsse Rocky helfen, ihm einen neuen Stall beschaffen, gutes Getreide und vielleicht sogar ein neues Zuhause.

Für Florence, die Rocky sehr gernhatte, war Mitgefühl etwas viel Einfacheres. Er hatte seine eigene Weide, einen Bachlauf, ein wenig Heu für den Winter – die grundlegenden Dinge, die er zum Leben brauchte. Er besaß die Freiheit, sein Leben als Pony zu führen. Florence empfand deswegen kein Bedauern und hatte keine Schuldgefühle.

Bei schlechtem Wetter drückte sich Rocky gegen die Rückwand des Stalles, sodass er vom heftigsten Wind und den schlimmsten Schneefällen verschont blieb. Er führte ein Leben in völliger Freiheit und ging, wann er wollte, wohin es ihm beliebte. Für ihn war es sicheres und vertrautes Gelände. Selbst wenn sich Florence nicht mehr in allen Punkten um ihn kümmern konnte, hatte sie doch Pferde und ihre Verwandten das ganze Leben lang geliebt, und nun schienen sie und Rocky einander auf eine sehr machtvolle Weise bewusst zu sein.

Ich fand, dass Rocky ein tolles Leben hatte, und viele Farmer, die ich in der Gegend kannte, dachten das Gleiche. Er lebte so frei und sicher wie nur irgendein Tier in freier Wildbahn, und die Farmer sprachen oft darüber, wie gut er es erwischt hatte.

Und doch machte ich mir Sorgen um Rocky. Ich sah, dass seine Zähne schlecht und reparaturbedürftig waren. Seine Hufe waren schon seit Jahren nicht mehr geschnitten worden. Sein Fell steckte voller Kletten und Disteln, und er hatte Schnitte und Schürfwunden davongetragen, als er blind in herabgefallene Äste und Gesträuch gelaufen war. Ich fragte mich, ob man seiner Sehkraft noch einmal aufhelfen konnte oder ob er wirklich völlig erblindet war. Niemand wusste das so richtig.

Ich schaute fast jeden Tag bei Rocky vorbei, und irgendwann schloss sich Maria mir an. Sie war sofort hoffnungslos in Rocky verliebt. Keiner von uns hatte je ein Pferd besessen. Obwohl Pferde wie Esel zur Gattung *Equus* gehören, sind sie doch sehr verschieden.

Maria mochte die Esel, und die Esel mochten sie. Sie hat eine ganz besondere Gabe, mit Tieren zu kommunizieren – sie hört ihnen zu und nähert sich ihnen ruhig und behutsam. Sobald sie aus dem Haus tritt, setzt auf der Farm ein allgemeines Miauen, Iahen und Bellen ein.

Wenn wir an Rockys Zaun kamen, reichten wir ihm immer Äpfel und Möhren hinüber. Er trabte herbei, setzte Nase und Ohren ein, um uns zu orten, und kam dann nahe heran. Schließlich stiegen wir über den Zaun und gingen zu ihm; dabei riefen wir seinen Namen, sodass er uns hören konnte und wusste, wo wir gerade waren.

Futter ist im Umgang mit Tieren eine Sprache. Ich habe kein Tier gekannt, das zu den Menschen, die es regelmäßig fütterten, nicht eine Bindung aufgebaut hätte. Wir brachten Rocky Getreide, damit er ein bisschen mehr auf die Rippen bekam. Unsere Beziehung zu ihm wurde intensiver, und wir verbrachten viele schöne Nachmittage draußen hinter den Ställen. Rocky liebte es, mit uns hinter dem Farmhaus über die Felder zu spazieren. Wenn es schneite oder regnete, hielten wir immer bei ihm an und schauten nach, wie es ihm ging. Im Stall gab es alte Boxen für Pferde und Kühe, aber sie waren mit Gerümpel und alten Möbeln vollgestellt, und wir wussten, dass Florence nicht mit dem Ausmisten zurechtkommen würde und mit den übrigen Problemen, die aufgetreten wären, wenn wir Rocky in so eine Buchte gesperrt hätten.

So wie Simon iahte, wieherte Rocky, wenn wir in die Auffahrt einbogen. Er kannte die typischen Geräusche unserer Autos und den Klang unserer Stimmen. Er liebte Maria und seufzte beinahe vor Zufriedenheit, wenn sie ihn striegelte, ihm etwas vorsang und mit ihm sprach. Er führte ein freies, aber, wie wir fanden, auch einsames Leben. Wie die Esel sind auch Pferde Herdentiere; sie lieben Gesellschaft. Wäre es nicht schön, sagten wir uns oft, wenn unsere Esel oder Schafe hier wären, um Rocky Gesellschaft zu leisten? Dann hätte er mit ihnen über das Gelände streifen und vielleicht neue Plätze zum Grasen finden können.

Maria empfand tiefes Mitgefühl für Rocky; sie baute zu ihm eine so enge Bindung auf wie zu sonst keinem Tier, von ihrer Hündin Frieda einmal abgesehen. Seine Blindheit, sein Alter und seine Sanftmütigkeit berührten sie zutiefst.

Maria und ich haben eine ganz unterschiedliche Herangehensweise an Tiere. Eins haben Tiere wie Hunde, Pferde und Esel gemeinsam: Sie vermögen menschliche Emotionen intuitiv zu lesen. Ich glaube, dass Männer im Allgemeinen ihre Emotionen nicht so offen zeigen wie viele Frauen – und auf mich trifft das besonders zu. Einer der Wege, auf denen Tiere kommunizieren, verläuft über die Emotionen: sie riechen, sehen und spüren unsere Stimmungen.

Maria ist ein ungemein emotionaler Mensch und verbirgt das auch nicht. Oft weint sie, aber das ist für sie nicht unbedingt etwas Trauriges, sondern eine Art, sich auszudrücken. Sie weint auf dieselbe Art, wie manche Leute reden. Sie hat einen starken Hang zum Fürsorglichen und Intuitiven, und anders als bei mir liegen diese Instinkte bei ihr offen da. Sie ist eine Künstlerin und nutzt solche Gefühle, um ihre Werke zu schaffen und sich auszudrücken.

Maria hat eine überzeugende Art, mit Tieren umzugehen; sie ist Tierheilerin und Tierflüsterin zugleich. Sie versteht es offensichtlich, sich ihnen auf offene, vertrauenerweckende und liebevolle Weise zu nähern. Sie spricht mit den Tieren auf eine sanfte und doch leidenschaftliche Art, die immer dazu führt, dass sie sich beruhigen und zu ihr hingezogen fühlen. Sie begreift die Wichtigkeit des Fütterns in einer Mensch-Tier-Beziehung und weiß auch ruhig dazustehen, damit die Tiere ihre Witterung aufnehmen, sich ihr nähern und neben ihr ganz entspannt sein können. Sie sind ganz ungezwungen, wenn Maria in der Nähe ist. Sie erlauben es, von ihr angefasst und gestriegelt zu werden. Kein Misstrauen ist zu verspüren.

Rocky sah so aus, als wäre er schon lange nicht mehr berührt worden – vielleicht seit Jahren nicht. Es dauerte etwa einen Monat, ehe er eine sichtbare Anhänglichkeit an Maria entwickelte. Er begann sich neben ihr wohlzufühlen. Mir erlaubte er zwar immer, in seine Nähe zu kommen oder Fotos von ihm zu machen, aber sobald ich ihn zu berühren oder zu striegeln versuchte, schreckte er hoch.

Bei Maria war das nicht so. Wenn sie die Weide betrat, begann sie sofort zu ihm zu sprechen. Maria schien instinktiv zu wissen, wie man ein Tier wie Rocky erreichen konnte. Beim Näherkommen sprach sie weiterhin zu ihm, sodass er ihren genauen Standort ausmachen konnte. Sie hat ein feines Gespür für andere Lebewesen, und so wusste sie, dass es ein blindes Tier beruhigen würde, wenn es beständig eine Stimme vernahm.

»Hallo, Rocky«, sagte Maria in ihrem sanften Tonfall. »Wie geht es meinem kleinen Pony?«

Als sich Rocky mit uns ungezwungener fühlte und wir mit ihm, sah ich, dass Maria noch viel mehr an ihm hing als vorher. Zuerst näherte sie sich ihm vorsichtig und hielt ihm dabei einen Apfel in der ausgestreckten Hand hin. Sie sprach leise und zögerte genau wie ich, zu großen Enthusiasmus zu zeigen oder zu viel von sich selbst preiszugeben.

Paula Josa-Jones, eine Freundin von uns und langjährige Pferdeliebhaberin, kam uns einmal besuchen, und wir nahmen sie mit zu Rocky. Maria und ich waren erstaunt darüber, wie gefühlsbetont sie vorging, wie viele Emotionen sie zeigte und wie enthusiastisch sie Körper und Hände bewegte. Sie redete viel mehr als wir beide, und ihre Stimme war höher und lauter.

Sie fuhr Rocky am Nacken entlang, bürstete ihn und rieb ihre Hände über seinen Rücken.

Rocky schien diesen Energieausbruch, diese Demonstration von Zuneigung, zu genießen. Maria und ich fühlten uns im Vergleich dazu lahm und phlegmatisch. Und es war frappierend, wie Rocky darauf reagierte. Er kuschelte sich an Paula und tänzelte fast um sie herum. Er wurde viel lebendiger; ihre Aufmerksamkeit schien ihn zurück an einen früheren, behaglicheren und glücklichen Ort zu versetzen.

Nach diesem Erlebnis veränderte sich Maria. Nun war auch sie gefühlsbetonter; sie erlaubte es sich, in einem anderen Tonfall mit Rocky zu sprechen. Sie wollte ihm ihre Zuneigung nicht nur in Worten ausdrücken, sondern auch zeigen, wollte sich mit ihm und um ihn herum bewegen. Und auch Rocky veränderte sich. Vorher hatte er sich in Marias Nähe wohlgefühlt, jetzt aber schien er sie geradezu zu vergöttern. Er wieherte laut, wenn er ihre Stimme hörte, kam herbeigerannt, um sie zu begrüßen, drückte seinen Kopf gegen sie und stand minutenlang still, wenn sie zu ihm sprach, ihm etwas vorsang und die Kletten aus Fell und Mähne bürstete.

Als wir ihn zum ersten Mal gesehen hatten, war er zottelig und zerzaust gewesen, aber durch Marias sorgfältige Pflege war er bald wieder glänzend und sauber und fühlte sich offenbar auch besser. Er war jetzt lebhafter und ganz eindeutig anhänglich. Es war fantastisch, wie diese beiden liebenden Wesen aneinander Gefallen fanden. Ich glaube, dass Rocky für Maria das tat, was Simon für mich getan hatte: Er öffnete sie und ermunterte sie dazu, mehr aus sich herauszugehen, ihre Emotionen weniger zu überwachen.

Wir spazierten mit Rocky auf seinem Pfad zum Bachlauf hinab. Er wirkte wie ein eifriger Reiseführer, und es schien ihm Spaß zu machen, uns seine Welt zu zeigen – den Ort, an dem er mehr als dreißig Jahre lang gelebt hatte, die Hälfte der Zeit allein.

Rockys Welt war ein schönes Fleckchen Erde, und seine Fähigkeit, mit der Erblindung zurechtzukommen, war eindrucksvoll. Manchmal sahen wir, wie er gegen die Stallwand oder gegen einen Zaunpfahl stieß, aber im Allgemeinen kannte er jeden Quadratzentimeter seiner Weide und wusste, wo man langgehen konnte und wo man anhalten musste. Rocky war ein gesundes, glückliches Pony.

Allerdings gelang es mir nicht, viele Tierfreunde im Internet davon zu überzeugen. Jeden Tag bestürmte man mich mit Nachrichten und E-Mails, in denen ich angefleht wurde, ein Obdach für ihn zu finden, ihn auf eine andere Farm zu bringen oder einen speziellen Stall und ein besonderes Gehege für ihn zu errichten. Ich versuchte zu erklären, dass er ein viel geliebtes, ein glückliches Tier war und dass er ein ebenso gutes Leben führte wie jedes andere Pony auf der Welt. Aber die Kluft zwischen unseren Auffassungen war zu tief, und schließlich gab ich es auf.

In der Welt der Tierretter bedeutet Mitgefühl häufig Emotionalisierung. Es bedeutet, dass man die Tiere mit allen erdenklichen Mitteln und um jeden Preis am Leben erhält, während es sich in der, wie ich sie nenne,

»wirklichen Welt der wirklichen Tiere« viel komplexer verhält, zumindest in meinen Augen.

Florence erzählte mir, dass sie einmal daran gedacht habe, Rocky einschläfern zu lassen. Sie dachte, es sei das Barmherzigste für ein Tier, welches im Freien und auf sich selbst gestellt leben muss, nur mit einem alten Menschen, der nicht viel mehr tun kann, als es zu füttern und zu besuchen. Sie sagte, sie habe es nicht übers Herz gebracht.

Aber Florence fand Rocky nie wirklich mitleiderregend – und ich ebenso wenig. Wir scheinen es immer mehr zu brauchen, Tiere als erbarmungswürdig und notleidend anzusehen. Vielleicht verschafft uns das ja einen Grund, liebevoll und fürsorglich zu sein – ein Verhalten, zu welchem es in unserer Kultur immer seltener Gelegenheit gibt. Ich hatte nie das Gefühl, dass Rocky auf jener Farm in einer ernsten Notlage gewesen wäre. Man hätte es ihm komfortabler machen können, aber Florence hatte dafür nicht das Geld. Rocky liebte Florence, und sie liebte ihn. Gewiss, er genoss nicht die Annehmlichkeiten eines Haustiers: einen warmen, gemütlichen Raum, eine Menge Aufmerksamkeit und regelmäßige tierärztliche Untersuchungen. Aber es blieb ihm mehr als genug. Wie hätte ich es erklären sollen, dass es grausam gewesen wäre, ein alterndes, blindes Pony auf eine andere Farm zu versetzen und seine routinemäßigen Abläufe zu verändern? Es war ein inspirierender Anblick, wie er seine Pfade meisterte und den Wasserlauf sogar noch im Winter wiederfand.

Maria und ich hatten uns beide in Rocky verliebt – genau wie in Simon. Obgleich diese beiden Tiere ganz verschieden waren, rührten sie tief in uns Saiten an, Saiten der Barmherzigkeit und des Mitgefühls.

Vierzehn
Das Tao von Red

Genau wie ich niemals auf Rocky geachtet hätte, wenn Simon nicht gewesen wäre, hätte ich vermutlich nie eingewilligt, Red aufzunehmen, wenn ich dabei nicht an Simon gedacht hätte. Ich glaube, dass es Männern schwerfällt, sich zu öffnen; bei mir jedenfalls war es so, dass ich einen großen Teil meines Lebens in einem festen und abgeschlossenen Knoten verbracht habe. Es ist riskant, sich zu öffnen. Es bedeutet, dass man neue Erfahrungen akzeptieren, andere Möglichkeiten erwägen muss. Simon hat mir dabei geholfen.

Ich neige dazu, mein Leben im Rückblick in zwei Teile zu trennen – den verschlossenen und den offenen –, und es macht mich noch immer perplex, wenn ich daran denke, wie der Öffnungsprozess eine Flut von guten und bedeutungsvollen Dingen freisetzte. Es waren Dinge, nach denen ich mich in meinem Leben immer gesehnt hatte, die ich aber nie hatte finden können.

Als ich auf die sechzig zuging, geriet mein Leben aus den Fugen. Die Anhäufung übersehener oder vernachlässigter Probleme führte dazu, dass ich schließlich zusammenbrach – was vielleicht das wirkungsvollste Mittel ist, eine Öffnung einzuleiten.

Wenn Sie in Panik leben und Ihr Dasein in Stücke bricht, dann haben Sie plötzlich die nötige Motivation, um sich zu öffnen und an die Arbeit zu gehen. Simon erhellte mir ganz unbeabsichtigt den richtigen Weg. Mit ihm begann eine Periode, in der ich Dinge in Angriff nahm, die ich vorher für unmöglich gehalten hatte. Zum Beispiel einen Esel aufzunehmen, der an der Schwelle des Todes stand. Oder mit einundsechzig Jahren zu beschließen, dass ich wieder Liebe in meinem Leben haben wollte. Oder mich mit einem blinden Pony anzufreunden. Wieder zu meditieren. Einen Hund von einer Frau zu bekommen, die sagte: »Gott will, dass Sie ihn nehmen.« Es ist eine lange und bedeutende Liste.

Und so hatte meine Erfahrung mit Simon für mich etwas damit zu tun, dass ich diesen wundersamen Prozess vertiefte – dass ich mich für die Möglichkeiten des Lebens öffnete und mich emotionalen Risiken und Chancen aussetzte. Ich erfuhr dabei, dass die Gefahren beträchtlich sind, aber die Gewinne unvorstellbar groß, besonders in unserer angsterfüllten und zersplitterten Welt.

In den letzten Jahren bin ich dazu gelangt, an Geisttiere zu glauben. Sie treten in unser Leben, wenn wir bereit für sie sind, und gehen wieder, wenn es Zeit dafür ist. So war es auch mit Rose und Izzy, meinen beiden Border Collies.

In einer Winternacht des Jahres 2011 wachte ich plötzlich mit dem heftigen und beängstigenden Gefühl auf, dass mit Rose etwas nicht in Ordnung ist, dass sie sich in einer Notlage befindet. Eilends zog ich mir etwas über und stieg die Treppe hinab. Ich ging von Raum zu Raum, konnte sie aber nicht finden, und schlimmer noch – sie antwortete nicht auf mein Rufen. Normalerweise war Rose immer blitzschnell an meiner Seite, wenn ich ihren Namen rief; wie die meisten Border Collies war sie begierig darauf, nach draußen zu kommen und arbeiten zu dürfen. Ich suchte im Wohnzimmer nach ihr, in meinem Büro, in der rückwärtigen Stube, und schließlich hatte ich noch den Einfall, in den Vorraum zu schauen, in den man durch die hintere Haustür gelangte. Dort wartete Rose oft darauf, hinaus auf die Weide gelassen zu werden.

Als ich sie auf dem Fußboden hingestreckt sah, wusste ich sofort, dass sie im Sterben lag. Dieses Tier war an meiner Seite durch dick und dünn gegangen, seit meinem ersten Tag auf der Farm, so voller Energie, Intelligenz, Entschlossenheit und Stolz. Als ich sie dort auf der Seite liegen sah, in einer Pfütze aus Erbrochenem, zitternd und mit glasigen Augen, wusste ich gleich, dass sie das Leben losließ.

Ich werde diesen Augenblick nie vergessen. Ich hörte Rose ganz deutlich zu mir sprechen, mir in nüchternem Ton sagen: »Hilf mir, bitte hilf mir.« Ich wusste, dass sie die Welt in Würde verlassen wollte – dass ihr Werk getan war und sie mich anflehte, ihr beim Fortgehen zu helfen.

Am Morgen fuhren wir zur Tierärztin, und auch sie war der Ansicht, dass es Rose sehr schlecht ging. Keiner von uns wollte den Hund den strapaziösen und schmerzhaften Tests unterziehen, die uns eine genauere Diagnose ermöglicht hätten. So ist das mit Tieren. Sie sind niemals statisch, jedenfalls nie für längere Zeit. Wir können uns ihr Kommen und Gehen nicht wirklich erklären, so schlau wir auch zu sein glauben. Simon hätte tot sein müssen, aber er lebte. Border Collies leben ewig, und Rose war immer gesund, glücklich und aktiv gewesen. Die Tierärztin war ratlos. Rose schien unter unseren Händen einfach dahinzuschwinden. Es könne etwas Neurologisches sein. Ohne eine Menge Tests lasse sich das schwer sagen. Das wollte ich Rose nicht antun, und ich spürte, wie sie mir ganz klar sagte, dass sie am Ende sei. Sie war erschöpft. Sie war bereit zu gehen, und ich beschloss, das zu respektieren. Ich entschied mich gegen den Eigennutz. Ich wollte, dass sie die Welt in Würde verließ, da sie immer so eine stolze und würdevolle Hündin gewesen war. Einige Tage später war sie tot, eingeschläfert auf dem Fußboden des Behandlungszimmers unserer Tierärztin. Rose hatte ein erfülltes, großartiges Leben gehabt.

Bei Izzy war es anders. Ich glaube nicht, dass er die Welt verlassen wollte; er war dafür noch nicht bereit. Eines Tages sah ich, dass er Mühe hatte, geradeaus zu laufen. Ich fühlte Geschwülste an seiner Kehle, und sie wurden immer größer. Das musste Krebs sein, und so war es auch: ein Lymphom in fortgeschrittenem

Stadium. Die Tierärztin machte eine Biopsie und sagte, dass ihm bestenfalls noch ein paar Wochen blieben. Er würde diese Wochen mit Schmerzen zubringen, wenn wir ihm die Zeit ließen. Und so wurde auch Izzy eingeschläfert, sechs Monate nach Roses Tod.

Izzy war ein ganz anderer Hund gewesen als Rose. Er war ein Freund, kein Arbeiter; ein Hund für Menschen, nicht für Schafe. Gleich nach meiner Scheidung, als mir mein Leben so öde und leer vorkam, begannen wir beide als Freiwillige in einem Hospiz zu arbeiten. Izzy und unsere Arbeit führten mich vom Abgrund zurück auf sicheres Terrain. Wir halfen Menschen, die wirklich am äußersten Rand des Lebens standen, die Welt in Frieden und Trost zu verlassen.

Es war ein Schock für mich, zwei so wundervolle Hunde binnen weniger Monate zu verlieren. Ich hatte damit gerechnet, dass sie beide noch viele Jahre leben würden. Immer wieder überkam mich das eine Gefühl: Jetzt, wo sich mein Dasein änderte (ich lebte nicht mehr allein auf der Farm, denn Maria war in mein Leben eingetreten), wo ich gesundete und wieder festen Boden unter die Füße bekam – jetzt musste Roses Mission eine andere werden. Vielleicht waren es Hirngespinste, aber ich stellte mir vor, dass sie beschlossen hatte, mit jemandem zu leben und zu arbeiten, der es nötiger brauchte als ich.

In den Tagen und Wochen nach Roses Tod kristallisierte sich diese Idee in mir immer mehr heraus. Ich glaubte, dass sie stimmte. Ich denke, Izzy ist einfach krank geworden und gestorben; nie hatte ich das

Gefühl gehabt, er sei zum Abschied bereit gewesen. Er liebte seine Tätigkeit im Hospiz, unsere Jagd nach Sonnenuntergängen, wenn ich sie fotografieren wollte, und seine Zeit mit Maria auf der Farm. Izzy war ein sehr fröhliches Geschöpf, und manchmal passiert so etwas einfach. Ich denke oft an Rose und Izzy, aber nicht voller Kummer, sondern mit Dankbarkeit. Ich bin dankbar dafür, zwei solche Hunde gehabt zu haben, dankbar, dass sie beide ihr Hundeleben so umfassend und frei gelebt haben, wie es in unserer Welt möglich ist.

Und wieder kam mir Simons Wesensart in den Sinn. Ich kann nicht sagen, was tatsächlich in seinem freundlichen Gemüt vor sich geht, aber sehr wohl, was in mir ablief. Von Anfang an frappierte mich bei Simon ein Charakterzug, den ich als Akzeptanz begriff. Wenn die Leute über ihn redeten, fielen immer Worte wie »misshandelt«, »gerettet« oder »vernachlässigt«, aber ich sah keine Hinweise darauf, dass Simon selbst in diesen Kategorien über sich dachte. Simon widmete sich unverzüglich wieder den grundlegenden Dingen des Lebens – fressen, herumspazieren, den Mädels nachlaufen, seine Ration Äpfel und Möhren bekommen, gebürstet und verwöhnt werden.

Er machte einfach weiter mit dem Leben. Er vergeudete seine kostbare Zeit nicht damit, auf den Farmer wütend zu sein oder sein Los zu bejammern. Seine Anrufung des Lebens war sehr real. Auf mich wirkte er so, als wäre er darauf aus, jede Sekunde seines irdischen Daseins zu genießen.

Das beeinflusste fraglos auch meine Sicht auf den Verlust von Rose und Izzy. Ich gehöre nicht zu denen, die sich sagen: »Ist doch bloß ein Hund«, wenn ein geliebtes Haustier stirbt. Rose und Izzy waren für mich und mein Leben genauso wichtig wie die meisten Menschen, die ich kennengelernt habe. Sie haben auf mein Leben eingewirkt. Haben es verändert.

Aber Simon half mir zu verstehen, dass die Freude am Leben wichtiger ist als der Verlust des Lebens. Ich ehrte Rose und Izzy, trauerte und weinte um sie, aber ganz wie Simon wollte auch ich mein Leben nicht mit Klagen über Dinge zubringen, die ich nicht hatte. Ich wollte die vielen Reichtümer, über die ich verfügte, angemessen würdigen und mich ihrer erfreuen.

Trauer ist eine persönliche und sehr individuelle Sache. Jeder erlebt sie auf seine eigene Weise, und jeder heilt auf seine eigene Art wieder.

Nachdem diese beiden wunderbaren Hunde gestorben waren, begann ich über einen neuen nachzudenken. In diese Richtung gehen nämlich meine Gedanken, wenn ich einen Hund verliere. Viele Menschen sagen mir, sie seien über den Tod eines Hundes derart betrübt, dass sie nicht einmal die Idee ertragen könnten, sich einen neuen anzuschaffen. Das macht mich immer traurig, besonders angesichts der Tatsache, dass Millionen Hunde in Tierheimen sehnsüchtig auf ein neues Zuhause warten, oftmals jahrelang.

Ich begann beiläufig zu suchen. Immer wieder kam mir ein Border Collie in den Sinn. Offenbar fühle ich mich stets zu Border Collies hingezogen. Sie scheinen so wie ich zu denken und zu funktionieren. Sie sind ein bisschen zerstreut, und ihr mehrspuriger Geist ist immer am Rattern; man könnte bei ihnen vermutlich ein Aufmerksamkeitsdefizitsyndrom diagnostizieren. Ich mag ihre Begeisterung für das Leben, ihr Arbeitsethos, ihre Intelligenz und ihre Verrücktheit. Alle Border Collies und deren Besitzer sind ein bisschen verrückt, finde ich. Es trifft auf beide Seiten zu.

Ich überflog Webseiten von Züchtern und hinterließ per Telefon oder E-Mail einige Nachrichten. Ich schnupperte bloß ein wenig herum. Der beste Weg, um an einen Hund zu kommen, führt für mich über einen guten und erfahrenen Züchter. Obgleich Border Collies auch oft übers Tierheim zu haben sind, musste ich bei einem Hund, der auf der Farm arbeiten sollte, über Temperament und genetische Veranlagungen Bescheid wissen. Ich war nicht in Eile. Wir mussten uns auch so schon um eine ganze Menge Tiere kümmern, und wir hatten zwei wunderbare Hündinnen, Lenore und Frieda, die sich beide über die Aufmerksamkeit freuten, die ihnen zuteilwurde.

Im Frühjahr 2012 bekam ich eine E-Mail von Dr. Karen Thompson, einer sehr beliebten und anerkannten Border-Collie-Züchterin aus Virginia. Sie kam ohne Umschweife zur Sache. Sie habe einen sieben Jahre alten roten Border Collie aus der nordirischen Grafschaft Tyrone. Er habe eine schwere Zeit hinter sich, sei in die USA gebracht worden und lebe nun bei ihr. Dies waren alle Details, die ich seinerzeit erfuhr. Er sei ein guter Arbeitshund, schrieb sie, leicht zufriedenzustellen, von Natur aus großherzig, professionell und gut ausgebildet. Beim Hüten nähere er sich den Schafen in einem etwas zu weiten Bogen. Karen Thompson liebte diesen Hund und brachte es nicht fertig, sich von ihm zu trennen. Nachdem sie ihn in ein Tierheim im Süden gebracht hatte, konnte sie nächtelang nicht schlafen, und so fuhr sie noch einmal hin und brachte ihn wieder mit nach Hause. Alle mochten ihn sehr, und niemand, der ihn kannte, wollte ihn wieder gehen lassen.

Sie sagte, sie habe mein Buch *Izzy & Lenore* gelesen und wisse daher von meiner Hospizarbeit mit Izzy. Sie glaube, dass Red eine natürliche Gabe für diese Tätigkeit habe. Sie wisse, dass ich ein paar Schafe besitze, und das sei doch großartig. Aber sie wollte für Red noch mehr.

Sie wollte, dass er ein rundum erfülltes Leben hatte, ein ausgeglichenes Leben, auch jenseits der Schafweide. Sie setzte ihn regelmäßig bei der Arbeit mit ihren Schafen ein, aber auf ihrer Farm war ein großes Kommen und Gehen von Hunden, und sie konnte ihm nicht so ein Leben verschaffen, wie ich es ihm vielleicht ermöglichen konnte.

»Gott will, dass Sie Red nehmen«, schrieb sie. »Er will, dass er Ihr Hund wird.« Das überraschte mich und brachte mich aus der Fassung. Ich fragte mich, ob Karen vielleicht ein wenig seltsam war. Gott hatte bei meiner Hundeauswahl nie eine Rolle gespielt, jedenfalls war ich mir dessen nicht bewusst. Die Vorstellung machte mich nervös.

Karen schickte mir ein Video, das Red beim Schafehüten zeigte. Ein Raketenhund, dachte ich, als ich sah, wie er lossprintete und einen spektakulären Bogen um ein paar Schafe zog. Er beherrschte seinen Job und schien mir ein eifriger, aufnahmefähiger Hund zu sein. Ich war beeindruckt und fasziniert. Ich dachte lange über die Sache nach und sagte Karen schließlich, dass ich Red nehmen würde.

Ich habe über viele Jahre meines Lebens hinweg Hunde gehabt, aber mein wirkliches Leben mit ihnen begann, als ich im New Yorker Hinterland eine Blockhütte kaufte, um dort ein Buch zu schreiben. Ich nahm Julius und Stanley mit, zwei gelbe Labradore, die mir Gesellschaft leisten sollten. Sie waren genauso Teil des Schreibprozesses wie mein Computer – eigentlich sogar noch mehr. Zusammen hatten wir auf dieser Bergspitze alle möglichen Erlebnisse, aber als ich nach New Jersey zurückkehrte, wo meine Familie war, schrumpfte unser gemeinsames Leben: Spaziergänge, der Hinterhof, die im Haus miteinander geteilte Zeit.

Julius und Stanley waren mit mir auf den Gipfel gestiegen; mein Tag hatte mit ihnen begonnen. Sie lagen zu meinen Füßen, wenn ich arbeitete. Sie milderten die Einsamkeit eines langen, harten Winters, machten ihn erträglich, ja beinahe bedeutungsvoll. Sie waren für mich niemals ein Ersatz für Menschen, und doch stellten sie eine lebendige und liebevolle Kraft dar, die meine Kreativität verankerte und mir ein festes Fundament verschaffte. Ich öffnete mich ihnen, und sie öffneten sich mir. Das Gleiche geschah später mit

Simon, aber auf einer anderen, eher spirituellen Ebene. Die Hunde stießen die Tür auf, Simon ging hindurch.

Und nun kam also Red, ein Sohn Irlands, ein eigenartiger und gefühlvoller kleiner Border Collie, der sich sofort fest mit mir verband, als wären wir schon ewig zusammen gewesen. Als Gebrauchshund und Farmtier hatte Red noch nie in einem Haus gelebt, und so hatte er zunächst mit einigen Details des Alltags eines amerikanischen Haushundes zu kämpfen. Er konnte nicht ganz begreifen, was Glas war, und lief gegen die geschlossenen Glastüren in unserem Haus. Wenn er aufs Bett zu springen versuchte, schätzte er die Entfernung falsch ein und segelte übers Bett hinweg auf den Fußboden. Linoleum jagte ihm Angst ein; er erkannte nicht, dass es ein solider Untergrund war. Wenn er an den Rand eines solchen Bodens kam, erstarrte er zunächst, um dann schnellstmöglich darüber hinwegzufegen.

Manchmal hörte er im Schlaf Kommandos und seltsame Geräusche, und wenn ich mir ein Video anschaute, nahm er die typische Schleichhaltung eines Border Collies ein und begann dann seine Bogenläufe quer durchs Wohnzimmer. Der Wind beschäftigte und störte ihn sehr, und oft starrte er in den Himmel, um zu sehen, woher diese komische Sache kam. Ich sagte oft zu Maria, dass Red anders als die anderen Kinder war. Vielleicht lag es genau daran, dass ich ihn so mochte und mich von Anfang an mit ihm identifizierte.

Red ist oftmals so versessen darauf, auf die Hinterbank des Autos zu springen, dass er sie verfehlt, gegen die offene Tür knallt, abprallt, sich schüttelt und es noch einmal versucht. Wenn er zu mir will und Lenore oder Frieda vor mir liegen, springt er auf den anderen Hund und bleibt dort sitzen, oder aber er läuft einfach über das Hindernis hinweg. Frieda gefällt das gar nicht; sie knurrt Red an, aber er scheint es überhaupt nicht zu bemerken.

Red ist ein erstaunlicher Arbeitshund; er reagiert sofort, ist pfiffig und zuverlässig. Und selten zuvor ist mir ein Hund begegnet, dessen Herz und dessen Seele so groß und offen waren. Oft kommt Red als Friedensstifter herbeigerannt und hilft anderen Tieren aus der Klemme. Vielleicht betrachtet er das einfach als Bestandteil seiner Arbeit. Aber vielleicht liest er auch meine Gedanken, was er ohnehin zu tun pflegt. Red ist nicht wie Simon. Er ist gehorsam, aufmerksam und ganz wild darauf, es anderen recht zu machen. Simon macht es auch gern anderen recht, wenn er gerade in der Stimmung dafür ist; wenn nicht, gibt er sich keine große Mühe. Es ist seltsam, aber wahr: Ich liebe Red, weil er es mir immer recht machen will, und ich liebe Simon, weil er sich oft nicht darum schert, ob er es mir recht macht oder nicht.

Als Red zu mir kam, war er verwirrt und fahrig, und ich musste oft an seine lange Reise von Irland über Virginia bis zu mir denken. Ich hatte erfahren, dass man ihn brutal geschlagen hatte, und konnte selbst sehen, dass er oft verängstigt war und großes Misstrauen gegenüber Stöcken hegte.

Konnte ich die Idee einer Partnerschaft mit diesem

Hund vertiefen? Konnte ich den gleichen Erkundungs-
geist aufbauen, den Jiménez mit Platero hatte und ich
mit Simon?

Am Morgen nach seiner Ankunft nahm ich Red mit
auf die Weide. Als wir uns dem Gatter näherten, ging
er in Schleichhaltung, stand reglos da und starrte auf
die Schafe. Ich öffnete ihm das Gatter, und da wurde
mir klar, dass ich die Hütekommandos, die man ihm
beigebracht hatte, gar nicht kannte. Ich nahm das
Handy und rief Dr. Thompson an; sie meinte, ich solle
mich rechts neben Red stellen und sagen: »Geh links!«
Das tat ich, und er schoss los wie eine ferngesteuerte
Rakete. Er beschrieb einen weiten und spektakulären
Bogen um die Schafe und trieb sie direkt auf mich zu.

Als er zu mir zurückkam, war er ganz verändert. Er
schaute mir direkt in die Augen. Seine Welt war wieder geordnet. Er bewunderte mich so, wie Border Collies jeden verehren, der sie mit Schafen zusammen-
bringt.

Ehe Red auf meine Farm kam, musste er entweder
draußen bei den Schafen oder in einem Verschlag gelebt haben. Er war nicht stubenrein. Dr. Thompson
hoffte, Reds Leben könne ausgefüllter werden, und
das war auch mein Wunsch. Natürlich war am Ende
auch ich derjenige, dessen Leben weiter und reicher
wurde, vielleicht sogar mehr als das seine.

Vom ersten Tag an begleitete mich Red überallhin.
Er kam mit in einen nahe gelegenen Hofladen, fand
die Mädels an der Kasse und ließ sich tätscheln und
küssen, während ich mir Getreide und Gemüse in die

Einkaufstaschen stopfte. Schnell entdeckte er meinen örtlichen Buchladen, wo er die Kunden begrüßte, wenn sie über die Schwelle traten, die Eigentümerin in ihrem kleinen Büroraum besuchte und neben der Tür eine Matte fand, auf die er sich legen konnte. Er liebte es, wenn ich mit ihm zur Tankstelle fuhr, zum Baumarkt und sogar zum Zahnarzt. Er war niemals an der Leine geführt worden, und auch ich legte ihm nie eine an.

Ich habe das Glück, im Washington County zu leben, einem schönen, landwirtschaftlich geprägten Gebiet New Yorks, wo viele Menschen Tiere besitzen. Ein Hund im Baumarkt ist hier genauso alltäglich wie ein Hund im Garten hinterm Haus. Red wurde von den Bewohnern meiner kleinen Heimatstadt Cambridge schnell angenommen; es gab fast keinen Ort, an dem man ihn nicht freundlich begrüßte.

Als ich ihn zu einer Lesung in eine nahe gelegene Bibliothek mitnahm, ging er von Sitzreihe zu Sitzreihe, als hätte er das schon tausendmal gemacht, und begrüßte alle Anwesenden. Dann kam er zu mir nach vorn, rollte sich zu einer Kugel zusammen und schlief ein.

Ich musste daran denken, dass es dort, wo Simon unterwegs war, so viele Grenzen gab und um Red herum so wenige. Simon verlebte seine Tage innerhalb des Weidezauns, es sei denn, wir spazierten die Straße auf und ab oder gingen zusammen in den Wald. Er mochte Menschen ebenso sehr wie Red, aber unsere Kultur erlaubt es solchen Tieren wie Eseln eben nicht, zu einem Teil unserer Welt zu werden, auch wenn sie sich schnell an Hofläden, Stadtparks und Schulhöfe gewöhnen würden. So etwas würde einfach nie passieren. Mit einem Esel kuscheln die Leute nicht herum; er ist so groß, und viele haben ein bisschen Angst vor ihm. Simon näherte sich oft den Menschen, die ihn besuchen kamen, und schien dann verblüfft zu sein, wenn sie einen Schritt zurücktraten oder so zimperlich mit ihm umgingen, als könnte er explodieren.

Aber Red öffnete mir eine Reihe von Fenstern in die Welt der Barmherzigkeit und des Mitgefühl. Zum einen brauchte er eine Menge ruhiges Verständnis, bevor er sich in meine Welt eingewöhnen konnte. Es dauerte nicht einmal eine Woche, bis ich ihn stubenrein hatte. Ich legte Matten und Teppiche auf den Boden, bis er sich an glatte Oberflächen gewöhnt hatte; ich achtete darauf, ihm Hütekommandos zu erteilen, die er verstand, und überhäufte ihn mit Lob und Aufmerksamkeit, wenn er sie richtig aufgenommen hatte, was eigentlich immer der Fall war.

Ich rief ein Pflegeheim in Granville an, wo Izzy und ich ehrenamtliche Hospizarbeit geleistet hatten. Ich erzählte ihnen ein wenig von Red, und sie meinten, dass er das Hospiz gern einmal besuchen könne. Einige Tage später fuhren wir hin. Wir gingen durch die Eingangstüren und standen direkt vor einer Frau im Rollstuhl. Sie war erstaunt und entzückt, Red zu sehen. Sie nannte ihn Charlie, und er kam ganz nahe an sie heran und legte ihr den Kopf auf den Schoß, als sie ihn tätschelte. Allein ihr Lächeln war die Reise wert gewesen, und ich sah, dass Red dieselbe Gabe hatte wie Izzy – egal welchen Raum er betrat, er benahm sich sanftmütig und angemessen. Man hätte meinen können, er hätte so etwas schon sein ganzes Leben lang getan, und dabei war er nie zuvor in einem Pflegeheim oder einem ähnlichen Gebäude gewesen. Eigentlich wollte er vor allem in meiner Nähe sein.

Dr. Thompson hatte recht. Red war dazu ausersehen, mein Hund zu werden, so wie Simon dazu bestimmt schien, mein Esel zu sein. Vom ersten Moment an war es so, als würde ich schon jahrelang mit ihm zusammenleben. Im Handumdrehen wurde er berühmt. Überall hatte er Freundinnen – im Baumarkt war es Lyle, im Hofladen Karen, in der Buchhandlung Connie und beim Zahnarzt Dawn. Sie alle hielten Leckerbissen für ihn bereit und begrüßten ihn mit jeder Menge Zuneigung und Enthusiasmus. Und so kam es, dass der Hund, der früher nie über eine Türschwelle getreten war, sich nun häufig im Inneren von Gebäuden aufhielt, praktisch jeden Tag.

Sobald er aus der hinteren Haustür kam, hatte er die Schafe vor der Nase und konnte sie täglich hüten. Er brauchte uns, und auch wir brauchten ihn. Wir mussten die Schafe zwei- oder dreimal täglich weitertreiben, sie von den Futterraufen der Esel fernhalten und sie, wenn die Tierärztin kam, in den Stall bekommen. Red machte seinen Job.

Das einzige Wölkchen am Horizont war ironischerweise Simon. Er mochte keine Hunde; er hatte Rose nicht gemocht, und Red mochte er auch nicht. Esel sind Wachtiere, und in ihren Augen gibt es keinen Unterschied zwischen Hunden und Kojoten. Wenn Red auf die Weide kam, legte Simon die Ohren an und senkte den Kopf zum Angriff. Red, dessen Konzentration messerscharf war, wenn er mit Schafen zu tun hatte, beachtete Simon nicht einmal und schaute nicht zu ihm hinüber. Das machte mich nervös. Bei Reds ersten Besuchen auf der Weide stellte ich mich zwischen die beiden, hob die Hand vor Simon und sagte einfach »Stopp!« – zum Glück hörte er auf mich.

Ken Norman, unser Hufschmied, sagte einmal, dass es beinahe unmöglich sei, Simons Hufe auszuschneiden, wenn ich nicht dabei bin. War ich anwesend, stand Simon ruhig da, während Ken seine Arbeit verrichtete. Simon hörte mir zu und gehorchte gewöhnlich, und mit Red verhielt es sich ebenso. Weil ich sie beide unter Kontrolle hatte, hielt ich sie voneinander getrennt und Red dadurch in Sicherheit.

Reds Tao ist anders als das von Simon oder Rocky. Er ist fest mit mir vernetzt, leicht ansprechbar und vorausschauend; sein Leben dreht sich um mich. Simon und Rocky lebten beide in ihrer eigenen Welt, von der Maria und ich ein Bestandteil waren, aber nicht das Zentrum ihres Universums.

Pferde und Esel sind domestiziert, aber nur bis zu einem gewissen Grad. Einen Teil von sich behalten sie für sich selbst, anders als Hunde, die sich uns gewöhnlich ganz in die Hände geben. Esel und Pferde haben nicht den Wunsch, gleich neben unserem Bett zu schlafen oder uns zu Füßen zu liegen, wenn wir etwas lesen. Sie existieren außerhalb unseres Lebens, nicht in dessen Zentrum. Red aber betrat das Zentrum; er machte den Kreis in vielerlei Hinsicht vollständig. Er füllte die Lücken zwischen dem, was ein Hund tut, und den Dingen, die andere Tiere tun können.

Simon sprach zu mir von der zeitlosen Art und Weise, in der Tiere wie Esel immer mit dem Menschen verbunden waren. Esel können für den Menschen hart arbeiten, und Ponys können ihm Gesellschaft leisten und ihn auf dem Rücken tragen, aber Hunde können einem geradewegs ans Herz und an die Seele wachsen. Sie leben, um zu dienen. Ich lernte, diese Tiere auf verschiedene Art zu lieben, so wie auch sie mich auf verschiedene Art liebten.

Fünfzehn
Die neue Bedlam Farm

Florence Walrath starb Ende 2011 im Alter von hundertdrei Jahren – in ihrem eigenen Bett in dem Haus, das sie seit siebenundsiebzig Jahren bewohnt und so geliebt hatte. Ich hatte sie nicht mehr so gut kennenlernen können, wie ich es gern getan hätte, aber ich hörte viele legendäre Geschichten über ihre eiserne Willenskraft, ihre Arbeitsliebe und ihre Leidenschaft fürs Reiten und Schwimmen. Dass sie als Sechzigjährige mit Wasserskifahren angefangen hatte, war nur ein Beispiel für ihre Weigerung, sich vom Alter definieren oder einschränken zu lassen.

Kurz vor ihrem Tod nahm man ihr den Führerschein weg, weil sie nicht mehr gut sehen konnte. Daraufhin fuhr sie mit ihrem Rasenmähertraktor über die Fernstraße 22, um weiterhin im See schwimmen zu können. Schließlich nahm man ihr auch den Mäher weg.

Die Mitglieder der Amerikanischen Legion, der ihr Mann angehört hatte, kümmerten sich um sie. Sie hielten an Florences Haus und boten ihr Hilfe an; sie hätten sich um das Grundstück kümmern oder andere Arbeiten in Haus und Hof übernehmen können. Florence lehnte immer ab – nein, es gehe ihr gut –, aber am Wochenende kamen ein paar Mitglieder der Vereinigung einfach vorbei und mähten ihr den Rasen, wenn sie sahen, dass das Gras zu hoch wurde.

Als ich Rocky begegnete, war der Zaun um seine Weide schon ziemlich am Zerbröckeln oder teilweise einfach umgefallen. Er hätte auf die viel befahrene Straße vor dem Haus trotten und sonst wohin gehen können. Genau wie Florence dachte er nicht einmal daran. Wie sie es vorhergesagt hatte: Die beiden sollten ihre letzten Runden gemeinsam drehen.

Als Florence nicht mehr war, beriet man sich in der Familie über Rockys Zukunft. Sie brachten es nicht über sich, ihn einschläfern zu lassen; Florence hatte ihn zu sehr geliebt. Aber sie wussten auch, dass ein Umzug für ein altes, blindes Pony grausam gewesen und über seine Kräfte gegangen wäre.

Und so kam jeden Tag jemand vorbei, um ein wenig Heu und Korn über den Zaun zu werfen. Hinter Rockys Weide gab es eine sumpfige Wiese und einen Bachlauf, der das ganze Jahr über Wasser führte. Zu trinken fand er also immer genug. Im Sommer trocknete der Sumpf manchmal für ein paar Tage aus, aber dann füllte er sich stets wieder mit Feuchtigkeit.

Rocky war nun einsamer als je zuvor. Ich habe keinen Grund zur Annahme, dass ihm die Einsamkeit etwas ausmachte, obzwar er Florences Abwesenheit sicher bemerkte. Wie sollte es auch anders sein? Aber mir tat er so leid, wie er jetzt ganz allein dastand – ohne seinen geliebten Menschen und ohne irgendein anderes Tier, das ihm Gesellschaft leisten konnte.

Wenn ich richtig darüber nachdachte, war Rocky jedoch ein Pony, das Glück gehabt hatte. In freier Wildbahn wäre er längst gestorben, entweder verhungert aufgrund seines Unvermögens, Nahrung zu finden, oder von Raubtieren zerrissen. Man hatte ihn in seinem Leben sehr geliebt und umsorgt, und ich wusste, dass es nichts Barmherzigeres gab, als wenn man ihn den Rest seiner Tage in Ruhe und am vertrauten Ort verleben ließ. Er war in vielerlei Hinsicht das stärkste und gesündeste Tier, das ich kannte.

Rockys Alltag schien sich immer in den gleichen Bahnen zu bewegen. Am Morgen kam er ans Haus und fraß dort Gras und Klee. Wenn die Sonne zu brennen begann, begab er sich in den Schatten der Ständerscheune. Am Nachmittag folgte er seinem Pfad zurück zum Bach, wo er ein wenig Wasser trank und neben dem Gesträuch graste.

Am Abend dann stellte er sich an die Rückseite des Stalles und wartete dort den Morgen ab. Wenn es regnete oder schneite, verschaffte ihm der Dachüberstand ein wenig Schutz. Wenn Maria und ich ihn besuchen kamen, war er manchmal ganz mit Schnee bedeckt, wie es auch in freier Wildbahn gewesen wäre. Es schien ihm nichts auszumachen.

Wir fragten die Familie, ob es in Ordnung sei, wenn

wir bei Rockys Versorgung mithelfen würden, und sie sagten, sie würden sich darüber freuen. Durch Florences Tod und andere Probleme hatten sie ohnehin alle Hände voll zu tun.

Zwischenzeitlich dachte ich daran, Rocky auf die Bedlam Farm zu bringen; mir gefiel die Vorstellung, dass Simon und Rocky dort Seite an Seite stehen könnten, zwei Symbole der Barmherzigkeit und des Mitgefühls, jeder auf seine Weise. Ich malte mir aus, wie die Esel auf Rocky aufpassten – wie sie ihm halfen, auf der Weide zurechtzukommen. Ich stellte mir vor, wie schön es für ihn sein musste, wieder eine Herde um sich zu haben.

Freunde von mir, die Pferde besaßen, redeten mir diesen Plan aus. Für ein blindes Tier, das schon so alt war, wäre ein Umzug traumatisch. Der Umzugsstress und die Mühen der Anpassung an das neue Gelände konnten es umbringen. Allerdings stimmten mir alle darin zu, dass Rocky vermutlich gern mit den Eseln zusammen wäre. Wie Esel und Schafe liebten es auch Pferde, unter ihresgleichen zu sein.

Rocky hatte den Alltag und den Lebensrhythmus für Maria und mich verändert. Wir mussten uns um unsere eigenen Tiere kümmern, unsere Hunde ausführen, unsere Arbeit erledigen. Aber wir liebten Rocky beide und wurden tief hineingezogen in das Leben dieses Tieres, das auf mich wie ein Mystiker wirkte, so selbstgenügsam auf seiner Weide.

Jeden Nachmittag fuhren wir die dreizehn Meilen zu Florences Farm. Das Haus war still, es wohnte jetzt niemand mehr darin, aber Florences Sammlung blauer Glaswaren schmückte noch die Fensterbretter zur Straße hin. Ihr Geist war noch ganz deutlich zu spüren.

Wenn wir in die Auffahrt einbogen, hörten wir schon Rockys sanftes Wiehern, und egal wo er gerade war, rasch machte er sich auf den Weg zur Rückseite des Stalles. Wir betraten den Stall von vorn, öffneten eine Schiebetür und gingen die betonierte Stallgasse entlang. Am Ende befand sich ein Tor, dessen obere Hälfte offen stand, und dahinter sahen wir Rockys Kopf auftauchen. Er erwartete uns schon.

Rocky hatte einen scharfen Sinn dafür, wo etwas war, und wenn wir seinen Korneimer abstellten, folgte er seiner Nase, bis er ihn erreicht hatte, und das wurde bald Routine. Zuerst sein Getreide. Dann öffneten wir das Tor und traten hinaus. Maria holte die mitgebrachte Bürste heraus. Sie sprach zu Rocky, sang ihm etwas vor und gab ihm bisweilen einen Apfel. Sie pflückte ihm auch die Kletten aus der Mähne. Zuerst war er dabei zusammengeschreckt, aber er ließ es geschehen und blieb die ganze Zeit still stehen. Nach ein paar Monaten wieherte er, wenn er die Bürste spürte, und schob sich dicht an Maria heran. Genau wie Esel lassen sich Pferde gern striegeln.

Maria ging gründlich zu Werke; sie löste alle Knoten in Rockys Haar und bürstete ihm das matt gewordene Fell an den Flanken und auf dem Rücken. Zuerst

kam ihr das Fell in dicken Büscheln entgegen – Haar-
bälle, die vom Wind über die Weide getrieben wurden.
Nach einer Weile aber sah sein Fell glänzend und rein
aus. Bei Schnee oder Eisregen fuhren wir zur Farm,
bürsteten Rocky ab und gaben ihm eine Extraration
Weizen.

An solchen Tagen wünschten wir uns, er würde bei
uns leben oder wir bei ihm. Wir hätten es gern gesehen, wenn er ein Dach überm Kopf gehabt hätte, und
es fiel uns schwer, ihn in der Kälte zurückzulassen. Ich
wusste aber, dass dies ein menschliches Verständnis
von Mitgefühl war. Früher lebten Pferde in freier
Wildbahn, und Appaloosa-Ponys haben ein langes,
dichtes Fell. Nur weil es für uns hart war, musste es
nicht auch für ihn hart sein.

Ein Jahr verging, und wir fühlten uns immer enger
an Rocky gebunden – genau wie er an uns. Ich fand,
dass es nun Zeit war, dass Red Bekanntschaft mit ihm
machte. Man hatte uns gewarnt, dass Rocky eine ag-
gressive Ader hatte, dass er ein Beißer war und feindselig reagieren konnte, wenn man ihn überraschte. Ich
wollte also vorsichtig sein.

An einem warmen, sonnigen Tag nahm ich Red mit
hinüber auf die Farm der Walraths. Ich näherte mich
dem Weidetor und rief nach Rocky. Das machte ich
immer so, damit er meine Stimme orten und sich an
sie gewöhnen konnte. »Hallo, Rocky, ich bin's, Jon.
Wie geht's dir? Was gibt es Neues?« An diesem Nachmittag erzählte ich ihm, dass ich einen Hund mitgebracht hatte.

Zu den vielen großartigen Dingen an Red gehört, dass man ihm total vertrauen kann. Sagt man ihm: »Bleib!«, dann bleibt er an seinem Platz, und er würde dort noch am nächsten Morgen sitzen, wenn man ihm kein anderes Kommando gibt.

Ich vernahm Rockys Gewieher, als ich das Tor öffnete. Dann rief ich Red auf die Weide. Ich befahl ihm, sich hinzulegen, und stellte mich ein, zwei Meter vor ihm auf. Ich wollte nicht, dass er sich bewegte, aber wahrscheinlich würde Rocky ohnehin früh genug mitbekommen, dass er da war.

Ich sah, wie sich Rocky auf der sanft abschüssigen Weide in Gang setzte. Beim Näherkommen verfiel er in einen Trab; er wusste, dass vermutlich ein Apfel auf ihn wartete. Reds Ohren stellten sich auf, als das Pony näher kam, aber das war seine einzige sichtbare Reaktion. Auf der Farm in Virginia, wo Red zuvor gelebt hatte, hatte es ein, zwei Pferde gegeben, und so erschreckte ihn Rockys Gegenwart nicht. Eigentlich schien ihn überhaupt nichts wirklich zu erschrecken.

Als Rocky vielleicht noch drei Meter von mir entfernt war, erstarrte er – ich nehme an, er hatte Witterung aufgenommen. Er blieb stehen und legte den Kopf schief. Ich konnte nur ahnen, wie die Welt für ein blindes, altes Pony aussehen musste, das seit mehr als einem Jahrzehnt allein auf der Weide stand. Es wird alle Arten von Gerüchen und Tönen gegeben haben, die Rocky deuten musste. Und wenn plötzlich ein neues Tier so nahe bei ihm auf der Weide lag, muss er das als Gefahr interpretiert haben.

Eine Weile hielt er nur seine Nüstern erhoben und schnupperte. Ich redete weiterhin auf ihn ein, um ihn zu beruhigen, und hielt ihm den Apfel entgegen. Dann trat ich ein paar Schritte auf ihn zu, und er machte das Gleiche. Es dauerte etwa eine Viertelstunde, ehe wir uns auf Armeslänge genähert hatten. Schließlich schnappte sich Rocky den Apfel und begann ihn sorgfältig zu bearbeiten, wobei er alle paar Sekunden die Nase hob, um Red zu lokalisieren.

Ich rief Red ein Stück nach vorn und befahl ihm wieder: »Platz!« Rocky kam sehr nahe heran. Bald stand er beinahe über Red, und dann senkte er seine Nase ganz vorsichtig bis auf Reds Rücken.

Red rührte sich nicht, was mich beeindruckte und erstaunte. Er legte die Ohren an – ein Zeichen von Vorsicht –, aber seinen Körper bewegte er keinen Zentimeter vom Platz; er knurrte nicht, bellte nicht und jagte Rocky keinen Schreck ein. Das alte Pony ließ seine Nase Stück für Stück über ihn hinfahren, und dann schien es mit dem Ergebnis zufrieden zu sein.

Ich atmete tief durch. Es war schön anzusehen, und Red schien Rocky signalisiert zu haben, dass er keine Bedrohung darstellte und ihn nicht behelligen würde.

Ich löste das Kommando auf, und Red erhob sich. Und dann wurde ich Zeuge einer höchst seltsamen und wunderbaren Szene.

Red ging ungefähr drei Meter auf den Stall zu. Rocky reckte seine Nase, um ihn zu orten, und spitzte die Ohren, vielleicht um das Hecheln des Hundes aufzufangen.

Red saß still da und beobachtete das Pony. Rocky kam zu ihm hinüber, fand ihn und blieb stehen. Für eine Weile verharrten sie so.

Dann stand Red wieder auf und näherte sich der Stallrückseite, an der ich Rocky immer sein Korn gab. Das war für das Pony ein heikles Stück Weg. Es führte an alten Reifen und Strauchzeug vorbei, und ich hatte mehr als einmal gesehen, wie Rocky gegen einen Haufen mit altem Farmgerümpel gestoßen war. Red setzte sich aufrecht hin und schaute aufs Feld hinaus, während Rocky wieder auf ihn zusteuerte.

Dann bewegte sich Red wieder ein Stückchen weiter, direkt bis an die Hintertür des Stalles, wo Rocky immer sein Futter bekam. Rocky lauschte seinen Schritten nach, nahm Witterung auf und kam dann bis an den Platz, wo der Hund saß.

Reds Verhalten unterschied sich völlig von dem, das er den Eseln oder Schafen gegenüber zeigte. Er war vollkommen ruhig, nicht so wachsam oder alarmbereit wie in Simons Gegenwart.

Und dann war es mir plötzlich klar: Red wusste, dass Rocky blind war. Ich weiß nicht, wie er es herausgefunden hatte, aber man merkte ganz deutlich, dass er es wusste. Vielleicht war es die Art und Weise, wie Rocky schnupperte; vielleicht war es seine zögerliche Gangart. Mir jedenfalls kam es so vor, als hätte Red ihn gerade bis an die Stallrückseite geleitet.

Ich war sehr überrascht von dem, was ich da sah, obwohl ich bereits Geschichten über Hunde gehört hatte, die als Führer für alte und kranke Tiere wie

Pferde fungierten. Border Collies besaß ich schon seit Jahren, aber nie hatte ich erlebt, dass einer von ihnen Pferden oder anderen Tieren als Schafen besondere Aufmerksamkeit geschenkt hätte.

Wir projizieren gern menschliche Beweggründe auf Hunde und andere Tiere, aber für mich sind ihre Reaktionen nicht wohldurchdacht, sondern emotional. Meiner Erfahrung nach haben Tiere keine Motive, die über die Instinkte und das Überleben hinausreichen. Sie sind weder »gut« noch »schlecht« in dem Sinne, wie so viele Menschen sie offensichtlich sehen müssen. Tiere sind keine Philosophen, sie haben keine Narrative, keine Sprache, und sie wägen ihre Reaktionen nicht so ab, wie ein Mensch das tun kann.

Wenn meine Therapiehunde morgens aufstehen, treffen sie nicht den Entschluss, heute eine gute Tat zu vollbringen. Sie antworten einfach auf Aufmerksamkeit und Bedürftigkeit – sie riechen und fühlen es und reagieren auf Anleitung, Bestärkung und Belohnung. Ich habe bei manchen Hunden und anderen Tieren schon Großherzigkeit erlebt. Einige teilen ihr Futter, andere nicht, aber auch hier wird das Verhalten der Tiere vom Instinkt und anderen Faktoren geprägt (so von der Existenz von Geschwistern in der Prägephase, der Aufmerksamkeit der Mutter, der Verfügbarkeit von Nahrung und dem Umgang der Menschen mit ihnen). Alle tierischen Reaktionen haben weniger mit bewusster Überlegung zu tun als mit Genetik und angelernten Verhaltensweisen.

Red war eindeutig ein großherziger und toleranter Hund, souverän, ruhig und verlässlich. Rocky war ein einsames blindes Tier, das plötzlich mit einem anderen Tier zusammenkam. Red hatte keine Angst vor dem Pony, und Rocky schaffte es, diesem seltsamen Hund, der da mit einem Mal in sein Leben getreten war, zu vertrauen.

Und so wurde dies für beide zum täglichen Ritual: Rocky näherte sich Red, Red blieb stehen und ging dann, gefolgt von Rocky, immer ein Stückchen weiter. Red schien zu spüren, wohin das Pony gerade gehen musste – manchmal zur Ständerscheune, manchmal zu den äußeren Bereichen der Weide –, und führte es genau dorthin.

Zeigten Tiere auf diese Weise Mitgefühl füreinander? Border Collies wie Red gehören zu den Tieren mit den feinsten Instinkten. Ich habe nie gesehen, dass er auch nur die kleinste Spur von Mitgefühl bekundete, wenn ein Schaf herumtrödelte oder ihm nicht augenblicklich gehorchte.

Ich glaube, dass Mitgefühl unter Tieren unvorhersehbar und instinktiv ist. Red hatte Rocky nicht als Tier kennengelernt, das herumkommandiert wurde wie ein Schaf, und Rocky war ganz ruhig an Red herangetreten. Ich glaube, ich habe miterlebt, wie Rocky Red beibrachte, sein Leithund zu sein: Er verstärkte bei einem Hund, der klar festgelegte und regelmäßige Arbeit liebte, ein bestimmtes Verhalten. Red liebt die Arbeit und hütet gern Schafe; bei jeder Aufgabe auf der Farm ist er eifrig mit dabei.

Ich glaube, dass Rocky ihm solch eine Aufgabe erteilte.

Tiere verschiedener Arten wirken nur selten auf eine Weise zusammen, die man als »mitfühlend« bezeichnen könnte, aber ich war Zeuge eines bemerkenswerten Vorgangs geworden. Zwischen Red und Rocky passierte etwas. Auf die seltsame Weise, wie es Tiere bisweilen tun, hatten sie zueinander eine Bindung aufgebaut, ganz ohne Gerede, ohne großes Theater oder Erklärungen.

Sie akzeptierten einander einfach, und sie schienen einander zu erkennen. Beide Tiere gingen intuitiv vor. Wie die allermeisten Arbeits- und Hütehunde hatte Red ein Gespür für andere Tiere. Und Rocky hatte einen leistungsstarken Radar zur Ortung von Freunden und Feinden entwickelt – für ein blindes Pony, das im Freien lebt, ist das unerlässlich. Red spürte, dass Rocky behindert war. Rocky wiederum spürte, dass Red ihm bei der Navigation durch seine dunkle Welt helfen konnte.

Mit jedem Besuch vertiefte sich diese anrührende Beziehung. Red führte Rocky an alle Orte, die er besuchen wollte – den Stall, den Bachlauf, die äußeren Bereiche der Weide. Zwischendurch setzte er sich hin und wartete, dass Rocky ihn ortete und zu ihm aufschloss. Und wenn Rocky erst einmal unterwegs war und seine Hilfe nicht mehr brauchte, machte Red kehrt und kam zu mir zurück – wie ein Busfahrer, der sein Fahrzeug ans Ziel gebracht hatte.

Oft beobachteten wir, wie Rocky einem gut ausgetretenen Pfad bis zu einer Ecke im nördlichen Weidegebiet folgte, wo er einen großen Teil des Tages verbrachte, bei Regen wie bei Sonnenschein. Auf dem Rückweg musste er am eingekrachten Stall vorbeigehen, an Reifen und Autoteilen, Gräben, Steinblöcken und Schutthaufen. Wenn Red da war, schnupperte Rocky so lange, bis er ihn gefunden hatte – er schien immer zu spüren oder zu wissen, ob der Hund mitgekommen war. Dann berührte er mit der Nase Reds Rücken, und der Hund bewegte sich fünf oder zehn Meter in Richtung Stall oder Wassertrog.

Auf solche Weise führte er Rocky zu den Knotenpunkten, die dieser gut kannte und an denen er auf seinen Kurs zurückfinden konnte. Zuerst konnte ich nicht ganz glauben, dass es sich tatsächlich so verhielt, aber es geschah Tag für Tag, bei jedem Besuch aufs Neue. Wenn wir Rocky Korn hinstellten, setzte sich Red ein Stück weiter hin und wartete, bis das Pony zu Ende gefressen hatte. Wir beobachteten das so oft, dass wir an dem, was sich da abspielte, nicht mehr zweifeln konnten.

Rocky hatte jetzt einen Blindenhund.

Maria und ich waren gerade erst zwei Jahre verheiratet, als ich Rocky zum ersten Mal sah. Wir hatten darüber nachgedacht, wie wir unser gemeinsames Leben nun organisieren wollten. Die Bedlam Farm ist ein idyllischer Ort; das Farmhaus aus dem Jahre 1861 liegt auf einem Hügel über der Stadt West Hebron.

Man hat dort eine schöne Aussicht, sechsunddreißig Hektar Weide und Wald und einen meilenlangen Pfad in die Wälder, auf dem wir mit den Hunden spazieren gehen konnten. Es ist schon eine Art Paradies. Die vier alten Ställe waren instand gesetzt worden, und wir hatten einen verglasten Vorbau errichten lassen, von dem aus man einen herrlichen Blick übers Tal hatte.

Und doch spürten wir beide, dass es Zeit für einen Umzug war. Das lag an mehreren Dingen. Die Verlagsbranche hatte sich gewandelt, und meine Einkünfte waren nicht mehr so vorhersagbar. Und dann war die Bedlam Farm mein persönlicher Ort; ich hatte sie gekauft, bevor ich Maria kennenlernte, und dort sechs Jahre lang gelebt, die meiste Zeit allein. Wir beide wollten einen Ort, der unser gemeinsames Zuhause war, und ich wusste, dass Maria gern in einem Haus leben würde, das auch sie ausgesucht hatte.

Wir wollten beide eine Farm, einen Ort, der gut für unsere Esel war, für die Hunde, die Schafe und die Stallkatzen. Maria würde ein kleines Atelier außerhalb des Hauses brauchen. Ich wiederum benötigte im Haus ein Arbeitszimmer. Wir brauchten auch eine Ständerscheune für Heu und andere Vorräte.

Aber sechsunddreißig Hektar brauchten wir nicht. Es gab keine Kühe oder Ziegen mehr auf unserer Farm. Die Schafherde hatte ich von sechsunddreißig auf fünf Tiere verkleinert; Maria verkaufte die Wolle. Keiner von uns beiden ging auf die Jagd oder brauchte Reitpferde, und wir hatten auch nicht die Absicht, uns weitere Tiere anzuschaffen. Wir wollten ein ruhigeres Leben, das leichter zu bewältigen war. Und so boten wir die Bedlam Farm zum Verkauf an und begannen uns nach einer neuen Bleibe umzuschauen. Ich hatte angenommen, dass wir die Farm rasch verkaufen könnten. So war es aber nicht. Und ich war davon ausgegangen, wir würden schnell ein neues Zuhause finden. Auch das war nicht der Fall.

Jedes Grundstück, das wir uns anschauten, hatte einen Makel. Auf dem einen gab es einen schlechten Brunnen. Das nächste lag in einem Überschwemmungsgebiet. Ein drittes befand sich tief in den Wäldern, viel zu abgeschieden. Das vierte besaß kein Nebengebäude, in dem Maria ihr Atelier hätte einrichten können. Aus dem erhofften schnellen Übergang drohte eine langwierige Angelegenheit zu werden.

Eines Tages rief Kristin Preble, unsere Grundstücksmaklerin, bei uns an, um über den Verkauf der Bedlam Farm zu sprechen. »Ich weiß nicht, ob Sie es schon wissen, aber Florence Walraths Haus wird in ein paar Monaten auf den Markt kommen. Ich weiß, dass es die Familie gern sähe, wenn Maria und Sie dort lebten. Ich wollte Sie nur davon in Kenntnis setzen.«

Als ich Maria von dem Anruf erzählte, wechselten wir nur kurz einen Blick, und schon saßen wir im Auto und rauschten zu Florences Haus hinüber. Wir spazierten über das Grundstück, spähten neugierig durch die Fenster und sahen beide dasselbe: Im Farmhaus gab es eine große Stube, die ein perfektes Arbeitszimmer für mich abgeben würde. Ein ehemaliges Schulhaus, das aus einem großen Raum bestand, war auf die Farm umgesetzt worden und hatte Florences Ehemann Harold als Werkstatt gedient. Nach einigen notwendigen Sanierungsarbeiten wäre es ein großartiges Atelier für Maria. Und die Scheune, welche die Schneemassen überlebt hatte, war noch in gutem Zustand; dort konnte man ein wenig Heu und Futter lagern.

Die Farm erstreckte sich über rund sieben Hektar – sie war groß genug, damit wir auf unserem eigenen Grundstück einen Spaziergang ins Wäldchen machen konnten, aber nicht so groß, dass wir sie nicht mehr bewältigt hätten. Und sie lag in der Nähe von Cambridge, einer Kleinstadt, die wir beide liebten und in der es eine Lebensmittelgenossenschaft, ein schlichtes Restaurant und einen tollen Buchladen gab. Das Farmhaus war 1849 erbaut worden und hatte noch sein wunderbares ursprüngliches Gebälk. Die Räume waren groß und luftig. Für uns war es perfekt.

Als ich in jener Minute neben dem Haus stand, begriff ich, weshalb ich damals angehalten hatte, um Rocky zu fotografieren. Er hatte mich auf die Farm gerufen, hatte mich angezogen. Ein magischer Helfer, der seinen Job machte.

Am nächsten Morgen riefen wir Kristin an und teilten ihr mit, dass wir an dem Haus interessiert seien. Das Erste, was sie sagte, war: »Und was wird mit dem Pony?« Würden wir es behalten, wenn es zu einer Einigung über den Kauf kam?

Natürlich, antwortete ich, das Pony nehmen wir mit dazu. Aber selbstverständlich.

Rocky war schließlich der Grund, weshalb wir dort leben wollten.

Sechzehn
Das Dreigestirn

Als wir beschlossen, die Bedlam Farm zu verkaufen, hatten wir drei Esel, zwei Katzen, zwei Hühner und einen Hahn, drei Hunde und ein Teilzeitpony. Drei dieser Tiere – Simon, Red und Rocky – hatten sich zur gleichen Zeit ihren Weg in mein Leben gebahnt. Sie waren besonders einflussreiche Wesen. Oft hatte ich den Eindruck, im Mittelpunkt dieses beinahe mystischen Dreiecks zu leben. Die drei Tiere waren untereinander auf eine Art und Weise verbunden, die meine Vorstellungen über Barmherzigkeit und Mitgefühl hinterfragen und vertiefen sollten. Gemeinsam brachten sie mir viel darüber bei, wie Tiere einen Menschen heilen und verändern konnten – in diesem Falle mich.

All meine Jahre auf der Bedlam Farm, all meine Hunde und meine Erfahrungen – die Geburt von Lämmern, Verluste, Krankheiten und Kummer – hatten mich zu Simon geführt, und dann hatte er mich auf dem Pfad weiter vorangebracht. Die Wege, auf denen wir wandelten, waren eigentlich überhaupt nicht metaphorisch; wie sich zeigte, waren es handfeste Erfahrungen.

Wenn ich mich nicht für Simon geöffnet hätte, wäre ich auch für Rocky nicht offen gewesen. Und hätte ich mich für Simon nicht geöffnet, wäre ich nie im Leben offen gewesen für eine Fremde, die mir in einer E-Mail schrieb, es sei Gottes Wille, dass ich einen Border Collie aus Irland, der noch das richtige Zuhause suche, aufnehmen solle. Und zu früheren Zeiten hätte ich die Idee, ich könnte eines Tages ein dreiunddreißigjähriges blindes Appaloosa-Pony haben wollen, mit einem Lachen abgetan.

Wenn ich mir heute Tiere zulegte, geschah das allerdings aus anderen Gründen als früher – nicht einfach deshalb, weil ich genügend Platz hatte oder weil etwas in mir die Tiere dazu benutzte, Probleme aufzuarbeiten, die man besser auf andere Weise angehen sollte. Heute waren es wohlbedachte Entscheidungen. Es war so, als wären diese drei Tiere aus besonderen, aus wichtigen Gründen zu mir gekommen. Und sie hatten alle drei mit meiner Vorstellung von Barmherzigkeit zu tun – mit einem mitfühlenderen, durchdachten und sinnvollen Leben.

Simon fand sich weiter in das Leben auf der Farm hinein. Eigentlich war seine Gegenwart nunmehr sogar dominant. Vor ihm hatte Rose diesen Platz eingenommen, die ernsthafte Border-Collie-Dame, die auf dem Hof ein strenges Regiment führte und mir den Rücken freihielt.

Simon war das größte Tier auf unserer Farm, und

als seine Wunden verheilten und er an uns zu hängen begann, wurde er zu einer charismatischen Erscheinung. Nicht nur, dass er das größte Tier war – er machte auch den meisten Lärm. Sein Iah wurde mit jedem Tag lauter und rauer, und man konnte es meilenweit hören, bis ins Tal hinab.

Er war nun für sich selbst zu einer Berühmtheit geworden. Jahrelang waren die Leute auf unsere Farm gekommen, um einen Blick auf die Hunde zu erhaschen und sich vielleicht mit ihnen fotografieren zu lassen. Jetzt hielten sie nach Simon Ausschau.

Eines Tages spazierte ich mit ihm die Straße hinunter, als ein Minivan mit einem Nummernschild aus Pennsylvania neben uns anhielt. Touristen, dachte ich mir. Eine Frau kurbelte die Scheibe herunter und schob ihren Kopf hinaus. »Wir suchen die Bedlam Farm und haben uns irgendwie verfahren. Können Sie uns helfen?« Ich glaubte zuerst, sie würde Späße machen, schließlich stand ich hier mit meinem Esel am Straßenrand, aber sie hatte wirklich die Orientierung verloren.

Ich zeigte die Straße aufwärts, wo meine großen Ställe standen, und wollte ihr gerade erzählen, wer ich war, als eine der Frauen hinter der Fahrerin plötzlich schrie: »Simon! Das ist doch Simon!« Die Türen gingen auf, und fünf oder sechs Frauen sprangen mit Kompaktkameras hinaus und begannen Simon zu knipsen. Der genoss die Situation und war glücklich, gekratzt, gestreichelt und gehätschelt zu werden.

Nachdem sie alle ihre Fotos hatten, sprangen sie zurück ins Auto und verkündeten, dass sie ins nahe

Manchester fahren wollten, um in einem Outlet-Center einzukaufen.

»Oh«, sagte die Fahrerin und winkte mir durchs Fenster zu, »und Sie mögen wir übrigens auch, Jon!« Ich bedankte mich amüsiert, und dann wanderten Simon und ich weiter zum Wasserfall am Fuß des Hügels.

Rocky war auf eine andere Weise in mein Leben getreten. Ich spürte, dass er mich herbeigerufen hatte. Jetzt weiß ich auch den Grund oder zumindest einen Teil davon: Ich sollte Florence Walrath kennenlernen und unser neues Zuhause finden. Er kümmerte sich noch nach ihrem Tod um sie, indem er die Zukunft ihres Grundstücks klärte. Florence wollte einen Käufer, der alles im Grunde so ließ und ein paar Dinge in Ordnung brachte. Rocky machte, dass es so kam.

Außerdem brachte er Maria und mich an einen Ort, den wir uns beide gewünscht hatten – hier konnten wir uns ein gemeinsames Zuhause schaffen. Von Rocky lernte ich auch manches über Kommunikation: Wie redet man zu einem blinden Tier, wie hört man ihm zu? Wo die Esel voller Intuition waren, wirkte Rocky mystisch auf mich; manchmal entstieg er buchstäblich dem Nebel, wenn er sich, von meiner Stimme geleitet, auf das Gatter zubewegte.

Und schließlich Red. Red ist der Hund, auf den ich mein ganzes Leben lang gewartet habe, und dabei hatte ich schon wunderbare Hunde. Er und ich passen einfach perfekt zusammen. Red entfernt sich nie weit von mir. Wenn ich zu einer morgendlichen

Meditationszusammenkunft in meine Kleinstadt fahre, erklimmt er mit mir die Treppenstufen und begrüßt die Meditierenden. Er legt sich hin, sobald die erste Glocke erklingt, und bewegt sich erst wieder, wenn die letzte verhallt. Wenn ich schlafe, liegt er am Fußende meines Bettes. Wenn ich schreibe, liegt er mir zu Füßen. Wenn ich in der Küche etwas koche, wartet er vor der Tür. Er geht mit mir zu den morgendlichen Pflichten nach draußen, treibt die Schafe zusammen und hält sie mir vom Leibe, während ich Heu in die Raufe werfe.

Er ist durch das mächtige Portal der Tier-Mensch-Bindung in mein Leben getreten. Etliche Male am Tag schaue ich ihn an und lächle – wie es Menschen tun, die ihre Hunde lieben und durch sie emporgehoben werden.

Es gibt immer einen Grund dafür, dass man den einen Hund mehr liebt als den anderen, dass manch einer ausdrücklich einen geretteten Pitbull will und ein anderer nie im Leben. Dass manche Leute einen kleinen Hund haben wollen und andere einen großen, manche eine Promenadenmischung und andere einen Schauhund für Ausstellungen. Es hatte seine Gründe, dass ich einen vernachlässigten Esel, einen geprügelten Border Collie und ein blindes Appaloosa-Pony in meinem Leben hatte. Jedes dieser Tiere hatte mich beeinflusst. Simon setzte lange unterdrückte Emotionen in mir frei und löste Öffnungsprozesse aus, die sich auch in meinem sonstigen Leben ausbreiteten. Rocky schien uns in ein neues Kapitel unseres Lebens zu geleiten und erteilte mir neue Lektionen in Sachen Barmherzigkeit und Mitgefühl. Und mit Red kam mein Hund des Lebens, mein Seelenhund, der Hund, der mich durchs Dasein führte, der mich anspornte, mit mir arbeitete und mich in so vieler Hinsicht inspirierte.

Mit drei solchen Tieren müssen sich die Psyche, das emotionale Grundgerüst und die innersten Gefühle eines jeden wandeln. Ihretwegen begegnete ich Menschen aller Art. Ich hütete wieder Schafe, begrüßte Besucher im Stall und teilte die Bilder von ihnen mit Menschen in der ganzen Welt.

Es war ein machtvolles Dreieck, und ich befand mich genau in seinem Zentrum. In den folgenden Wochen und Monaten wurde mir klar, dass diese drei Tiere tatsächlich miteinander verbunden waren – und jedes der drei wiederum mit mir.

Ich habe die Mensch-Tier-Beziehung lange untersucht. Ich habe sogar ein Buch darüber geschrieben, *The New Work of Dogs*, und einige Zeit an der University of Kentucky verbracht, um dort mit Bindungstheoretikern zu sprechen. Ich habe die bahnbrechenden Werke von Dorothy Burlingham und Anna Freud über Tierfantasien und Bindungen gelesen und die Schriften von John Bowlby studiert, in denen es darum geht, wie sich Kinder an ihre Familien und andere Lebewesen binden oder auch nicht.

Ich weiß, dass unsere Gefühle Tieren gegenüber tief eingewoben sind in unsere persönliche emotionale

Biografie. Es fällt uns schwer, auf unser eigenes Leben zurückzublicken, um zu begreifen, *weshalb* wir die Tiere lieben, die uns ans Herz gewachsen sind. Tiere sind ein Spiegel unserer Psyche und unserer Emotionen; sie sind das Echo unserer Bedürfnisse, Wünsche und Erfahrungen. Es gibt einen Grund dafür, dass wir Tiere für niedlich, vertrauenswürdig oder bedingungslos liebend halten. Wenn man eine Frau auf einem Pferd sieht, einen Mann mit seinem Hund oder die leidenschaftlich engagierten Tierretter, dann sieht man gespiegelte Abbilder der eigenen Gefühlslandschaft eines jeden dieser Menschen – psychologische Videos, wenn man so will. Man sieht, wie sie in ihren ersten Lebensjahren behandelt wurden, sieht gute oder schlimme Geschichten von Erziehung, Trost und Bindung. Unsere Beziehungen zu Tieren sind Spiegelbilder unserer selbst.

Ich wusste das schon seit einiger Zeit, und in meinem eigenen Leben habe ich eines begriffen: Wenn ich zu einem Tier wie Simon spreche und mich entschließe, ihm von so ungemein wichtigen und grundlegenden Dingen zu berichten wie vom Tod meiner Mutter, dann geschieht etwas, das wenig oder gar nichts mit dem Tier zu tun hat, außer vielleicht, dass Personen wie ich den Tieren manchmal mehr vertrauen als den Menschen.

Meine Mutter war eine sehr komplexe Persönlichkeit – wie mir inzwischen klar ist, nicht viel anders als ihr jüngster Sohn, also ich. Sie war kreativ, ängstlich und ruhelos, und sie liebte es, andere zu manipulieren.

Ihrem eigenen Empfinden nach waren ihre vielen Ambitionen von feindseligen oder unengagierten Männern zunichtegemacht worden, darunter auch von ihrem Ehemann, meinem Vater.

Meine Mutter wollte stets mehr, als sie hatte; sie sehnte sich immer nach einem anderen Leben. In Providence führte sie einen schicken Laden für Geschenkartikel, während unserer kurzen Zeit in Atlantic City eine Kunstgalerie, und als sie gegen Ende ihres Lebens wieder in Providence wohnte, arbeitete sie in einem vegetarischen Restaurant nahe der Brown University. Meine Mutter wollte immer tanzen, sich in Schale werfen und richtig Spaß haben. Allerdings war sie mit einem Mann verheiratet, dem der Sinn nie nach Tanzen oder Spaßhaben stand. Sie passten einfach nicht zusammen.

Sie ließ ihre Frustrationen und ihre Einsamkeit an den Kindern aus, speziell an meiner Schwester und mir, und wir haben einen großen Teil unseres Lebens damit zugebracht, uns davon zu erholen. Ich liebte meine Mutter innig, und auch sie liebte mich, aber ihre unablässige Animosität, ihre Bedürftigkeit und ihre vielen Forderungen machten es mir über weite Strecken ihres Lebens unmöglich, in ihrer Nähe zu bleiben. Sie hat nie eine der Wohnungen oder eines der Häuser, in denen ich lebte, von innen gesehen, und ich mochte sie niemals in die Nähe meiner Tochter lassen.

Ich erwähne all dies nicht, um auf meiner schwierigen Kindheit herumzureiten oder mit meiner Mutter abzurechnen. Ich weiß, dass sie getan hat, was sie konnte, und dass ich ihr alle meine Begabungen verdanke, darunter meine Liebe zum Geschichtenerzählen, die sie damals stets förderte. Aber wenn es einen Grund gab, auf einem Feldweg im Norden New Yorks mit einem Esel zu sprechen und ihm mein Herz auszuschütten, wenn ich über eine der tiefsten Verwundungen in meinem Leben redete, dann war dieser Grund meine Mutter.

Menschen, die um eine Beziehung zu ihrer Mutter ringen mussten, werden sich mit größerer Wahrscheinlichkeit Tieren zuwenden, wenn sie unbedingte Liebe und Anschluss suchen. Tiere sind sicher und beständig, und weil sie von uns abhängig sind und nicht sprechen können, stellen sie so etwas wie leere Gefäße dar, Behältnisse, in die wir alles schütten können, was wir wollen.

Es ist dieser Punkt, an dem Erziehung, Erinnerung und Bedürftigkeit aufeinanderprallen. Für Simon konnte ich Mutter und Bruder sein. Ich konnte ihm das geben, was ich mir damals selbst gewünscht hätte. Ich konnte ihm genau die Dinge geben, die ich einst so dringend gebraucht und ersehnt hatte.

Auf einem unserer Abendspaziergänge begann ich Simon die Geschichte vom Tod meiner Mutter zu erzählen. Sie war in ihrem Seniorenwohnheim auf dem Badezimmerfußboden hingefallen. Man hatte sie erst am Morgen gefunden, als sie nicht zum Frühstück erschienen war. Es heißt, jemand habe ihren Sarg mit Blumen gefüllt, ein Fremder. Damals war es mir nicht bewusst, aber ich hatte diese Geschichte tatsächlich noch nie jemandem erzählt, sogar Maria nicht. Ich habe mir nicht einmal erlaubt, auch nur daran zu denken. Meine Mutter handelte mit Schuldgefühlen, das war ihre Währung, und ich konnte nie an ihren Tod denken, ohne von solchen Gefühlen beinahe überrollt zu werden. Hätte ich gewusst, dass sie im Sterben lag, wäre ich zu ihr geeilt, und ich werde immer bereuen, es nicht getan zu haben.

Es tut mir so leid, sagte ich zu Simon, dass ich sie in den letzten Jahren vor ihrem Tod nicht mehr gesehen habe; ich wusste nicht einmal, wo sie wohnte. Niemand aus meiner Familie rief mich an, um es mir zu sagen. Vielleicht glaubten sie, ich wollte es gar nicht wissen oder es wäre mir gleichgültig.

Simon hörte mir aufmerksam zu. Ich konnte sehen, wie sich seine großen Ohren zu mir hindrehten und wie er mich aus seinen runden braunen Augen anschaute. Bei Simon habe ich nie das Gefühl, dass er meine Worte versteht, aber ich spüre immer, dass er weiß, was ich sagen will. Und wenn ich mit ihm zusammen bin, kann ich Dinge sagen, die ich keinem Menschen gegenüber auszusprechen vermag. Es würde einfach nicht so herauskommen, wie es soll.

Meine Mutter war eine schöne Frau, Simon, und sie hatte mich sehr lieb. Sie brachte mir bei, Geschichten zu erzählen, und sie lachte über diese Geschichten und gab mir die Gewissheit, dass sie wunderbar waren. Nach ihrem Tod schickte man mir ein Sammelalbum, das sie mit Geschichten, Fotos und Zeitungsausschnitten über mich und meine Arbeit gefüllt hatte.

So erzählte ich Simon auf diesem Feldweg die Geschichte meiner Mutter, und als die Worte aus mir herauskamen, wurde mir bewusst, dass ich nun endlich mit Gefühlen ins Reine kam, über die ich niemals gesprochen hatte.

Die Träume meiner Mutter endeten, als sie ihren Job im Restaurant verloren hatte, nachdem der Eigentümer, ein guter Freund von ihr, an Krebs gestorben war. Danach verlor sie ihren eisernen Willen und ergab sich schließlich den heftigen Gezeiten des Lebens.

So ist es für sie gewesen. Sie ist immer wieder ausgebrochen, und die Welt hat sie immer wieder eingefangen und zurück in den Kerker gebracht. Das hat sie wahnsinnig gemacht, Simon, es machte sie verrückt und wütend und verletzend, und zum Ende ihres Lebens hin konnte ich einfach nicht mehr in ihrer Nähe sein. Ich wünschte, ich hätte es gekonnt. Ich habe sie innig geliebt, und doch konnte ich es nicht. So sind die Menschen: Sie treffen solche Entscheidungen aus allen möglichen Gründen, die sie selbst nicht immer verstehen. Ihr Leben ist nicht so instinktgeleitet und geordnet wie ein Eselleben. Ich bereue es, dass ich mich nicht mehr von ihr verabschieden konnte, Simon. Ein Mann sollte sich von seiner Mutter verabschieden.

Natürlich verstand Simon die Geschichte meiner Mutter nicht, und sie hatte für ihn auch keine Bedeutung. Ich bewundere Esel und respektiere ihre intuitive Art, und trotzdem glaube ich nicht, dass Tiere einen Zugang zu jener sehr menschlichen Welt der Emotio-

nen haben – sie vergeuden ihre Zeit nicht mit Schuldgefühlen, Reue, Neid oder Kränkungen. Es hatte alles
nur mit mir zu tun. Das Bedeutsame, das Wesentliche
daran war jedoch, dass Simon es aus mir herausholte,
dass er mich dazu brachte, es zu erzählen, es laut auszusprechen und darüber nachzudenken.

Nach unserem Spaziergang war mir klar, dass ich
eine Aufgabe zu erfüllen hatte. Zwei Wochen später
fuhren Maria und ich nach Providence. An einem kalten, sonnigen Wintertag fanden wir den Friedhof, auf
dem meine Mutter und mein Vater begraben waren,
und schließlich entdeckten wir auch ihre Grabsteine.

Das Leben ist voller Ironie. Meine Mutter und mein
Vater waren im Leben fast nie zusammen gewesen,
aber hier lagen sie Seite an Seite, miteinander für die
Ewigkeit. Maria stand eine Weile neben mir, dann ließ
sie mich allein.

»Hallo, Mom«, sagte ich. »Ich möchte, dass du
weißt, wie leid es mir wegen uns tut. Ich liebe dich
sehr, und ich weiß, dass auch du mich liebst. Ich ver-
zeihe dir alles, was es zu verzeihen gibt. Ich habe jemanden gefunden, den ich liebe, und bin sehr glücklich. Ich möchte nur, dass du davon weißt. Ich bin
dankbar für die vielen Gaben, die du mir beschert
hast. Ich wünschte, du wärest in deinem Leben glück-
licher gewesen, aber das stand nie in meiner Macht.«

Mir war, als wäre eine giftige Wolke von mir gewi-
chen und als hätte der Wind sie über den alten jüdi-
schen Friedhof in weite Ferne fortgetrieben. Wahnsinn,
meinte ich zu Maria, jetzt verstehe ich das, was man

immer über Esel sagt: »Schau, was sie für dich tun können.«

Wollte mir Simon dabei helfen, dass ich meiner Mutter vergab und im Leben weiter voranschritt – etwas, das seit Jahrzehnten überfällig gewesen war? Nein, ich glaube nicht. Spürte er, dass in mir Gefühle begraben waren, die an die Oberfläche gebracht werden mussten? Witterte er es, fühlte er es instinktiv? Ja, ich denke schon, und wenn ich ihm einen großen Dienst erwiesen hatte, als ich ihn auf meine Farm nahm, so hat er mich dafür doppelt und dreifach entschädigt.

Wenn du Barmherzigkeit und Mitgefühl für diesen geschundenen Esel empfinden kannst, sagte ich mir, warum kannst du es dann nicht für deine eigene Mutter empfinden, die verzweifelt darum gekämpft hat, ein sinnerfülltes Leben zu führen, und einfach nicht herausfinden konnte, wie man das schafft? In ihrer Verbitterung und ihrem Zorn hat sie viele Menschen verletzt, und im Gegenzug verletzten sie viele Menschen, darunter auch ich. Wenn ich kein Mitgefühl für sie empfinden konnte, was sagte das eigentlich über mich aus?

Wenn ein Tier uns emotional und spirituell leitet, liegt das nicht immer klar auf der Hand. Eher öffnet es Türen im Verborgenen, und dann setzt ein Dominoeffekt ein. Es legt einen Teil in uns offen, und diese Erfahrung öffnet den nächsten. Dies war die Lektion, die mir Simon vermittelte, es war sein Vermächtnis.

Siebzehn
Der Umzug

Wir kauften Florences Farm und bezogen unser neues Zuhause zu Halloween 2012. Ich war in meinem Leben schon oft umgezogen und hatte dazu immer eine Firma beauftragt. Sie kommen ins Haus, stopfen alles in große Kartons und packen sie im neuen Heim wieder aus.

Das war vor langer Zeit gewesen, in einer anderen Welt. Jetzt hatten wir wenig Geld für den Umzug übrig, aber unser Freund, der Zimmermann Ben Osterhaudt, der sowohl auf der Bedlam Farm als auch in unserem neuen Zuhause so viele Arbeiten verrichtet hat, wollte mit einem Kumpel, der einen Sattelschlepper besaß, vorbeikommen und an einem Nachmittag unseren Umzug über die Bühne bringen. Bis dahin transportierten Maria und ich mit unserem Toyota Highlander schon jede Menge Sachen in unser neues Heim; gefühlt waren es tausend Fuhren. Das neue Haus war viel intimer als die Bedlam Farm: spartanisch, nicht so groß, aber auf seine eigene Art schön. Von all unseren Sachen konnten wir nur die Hälfte mitnehmen.

Während wir uns auf den Umzug vorbereiteten, redeten wir über viele Dinge. Voll erregter Vorfreude waren wir bei dem Gedanken, dass Simon, Rocky und Red bald auf derselben Farm leben würden. Auch Lulu und Fanny würden dort sein und Marias kleine Schafherde. Endlich würde Rocky seine Herde haben; Simon, Lulu und Fanny würden ein dauerhaftes Zuhause finden. Red würde das Leben führen, das er verdient hatte, und Rocky würde seinen Blindenhund bekommen.

Simon hätte endlich einen Kumpel aus der Pferdefamilie. Wir beide stellten es uns mit großem Vergnügen vor. Wenn man, wie Maria und ich, eine ruppige und schmerzhafte Scheidung hinter sich hat, ist einem das Gefühl für Familie aus den Fugen geraten. Die Tiere waren für uns beide heilsam, und die Vorstellung, dass wir in dieses friedliche und gemütliche Reich ziehen und uns dort neu aufbauen würden, war in unseren Köpfen immer präsent.

Wir dachten intensiv über den Umzug der Tiere nach und planten ihn wie eine Marsmission. Ken Norman, unser Hufschmied, sollte die Tiere transportieren. Zuerst die Esel, dann die Schafe. Es ist nicht so einfach, einen Esel dorthin zu bringen, wo er nicht sein will, und keiner von unseren Eseln stieg gern in einen Transporter. Mit Lulu und Fanny hatten wir das schon einmal gemacht, und damals nahmen sie den Stall und den Anhänger beinahe auseinander. Doch Ken war groß und stark; er würde ihnen ein Seil um die Hinterbeine werfen und daran ziehen. Wenn er sie erst einmal bis an den Anhänger gebracht hatte, musste er sich nur noch hinter ihnen aufbauen und sie hinaufschieben.

Auf unserer neuen Farm ließen wir uns von Ben direkt am großen Stall eine neue Ständerscheune errichten. So konnte man den großen Stall auf kostengünstige Weise abstützen und gleichzeitig Schatten und Obdach für die Tiere schaffen. Der Stall war inzwischen leer geräumt, sodass Rocky nun eine Box hatte, in die er sich bei schlechtem Wetter zurückziehen konnte. Wir bauten auf der Schafweide auch einen beweglichen Schafstall, den man bei Bedarf umsetzen konnte. Bei Nelson Green, der als bester Heumacher im County galt, bestellten wir zweihundert Ballen Heu.

Ich orderte auch zwei Heizschläuche. Eine frostfreie Pumpe gab unser Budget nicht sofort her, und so heckte ich einen ausgefeilten Plan aus, wie man draußen einen frostsicheren Wasserhahn installieren, ihn mit dem Heizschlauch verbinden und Letzteren bis zum Stall hinterm Farmhaus führen konnte.

Wir mieteten einen Traktor, um das Gestrüpp zu entfernen, und heuerten ein paar Arbeiter an, die die Weide von Schutt und Unrat säuberten. Für die Futterfläche neben dem Stall ließen wir uns zwei Lkw-Ladungen Kies kommen.

Außerdem sprachen wir mit zwei Tierärzten, mehreren Hufschmieden und einigen Freunden, weil wir wissen wollten, wie man die Esel am besten an Rocky gewöhnen konnte. Aufgrund seiner Blindheit konnte sich Rocky ja nicht gegen das Rangeln, Stoßen und

Beißen wehren, das unter Pferdeartigen bei Neuankünften üblich ist.

So ziemlich jeder sagte uns dasselbe, und es passte zu unserer eigenen Intuition: Haltet Rocky und die Esel ein paar Tage getrennt; wartet ab, bis sie voneinander Kenntnis genommen haben. Dann könnt ihr sie aneinander heranführen und sie, zunächst immer nur für kurze Zeit, zusammen auf die Weide lassen.

Alle waren einer Meinung: Sie würden schon einen Weg finden. Tiere fanden immer einen Weg. Die Esel würden spüren, dass Rocky alt und versehrt war – dass er für sie keine Bedrohung darstellte.

Meine Erfahrung sagte mir, um ehrlich zu sein, das Gleiche: Tiere tragen keine Fehden aus und führen keine Kriege; sie sind damit beschäftigt, zu überleben und sich anzupassen. Und warum sollten sie sich nicht zusammenraufen? Ein altes, blindes Pony ist wirklich keine Gefahr für gesunde Esel und Schafe. Wie immer würden sie sich von uns einen Wink geben lassen. Maria und ich hatten auf der Bedlam Farm stets den Ton angegeben. Jeder bekommt sein Futter, jeder hat ein Dach überm Kopf, jeder kriegt frisches Wasser und viel Aufmerksamkeit. Die Tiere in meinem Leben haben wenig Grund, neidisch zu sein und miteinander zu zanken; sie bekommen alle, was sie brauchen.

Tiere handeln stets ihren eigenen Interessen gemäß, nicht aus emotionalen Motiven heraus. Esel sind oftmals Gesellschaftstiere für Pferde, und ich habe beide Arten häufig nebeneinander grasen sehen. Die Farm war überschaubar, die Weidefläche klein. Maria und ich waren fast immer da und konnten die Dinge im Auge behalten, die Tiere zum richtigen Verhalten ermuntern und dabei mithelfen, dass sich auf unserer Farm eine bestimmte Atmosphäre herstellte. Es war ein friedliches Königreich, und so sollte es bleiben.

Zuerst brachten wir die Esel hinüber. Gleich am Morgen hatten wir sie mit ein paar Möhren in eine der Stallbuchten gelockt.

Fanny und Simon kamen angerannt, um sich die Leckerbissen abzuholen. Doch Lulu, der Wachesel der Gruppe, war von allen am cleversten und aufmerksamsten; sie ließ sich nicht reinlegen. Sie kam bis an die Tür, warf einen Blick auf Maria und mich und bockte. Aber es war zu spät. Fanny und Simon waren schon drinnen und mampften das Korn, das wir ihnen in Eimern hingestellt hatten. Ich stellte mich hinter Lulu, gab ihr einen Klaps auf den Hintern und zog die Schiebetür zu. Jetzt konnte sie nicht mehr weglaufen, aber sie spürte eindeutig, dass hier etwas im Gange war.

Da erschien Ken mit seinem Anhänger und fuhr rückwärts bis an die Stalltür heran. Jetzt wusste auch Fanny, dass hier etwas los war, und gemeinsam mit Lulu versuchte sie, die Stalltür mit der Nase aufzustoßen. Simon indessen hoffte, vertrauensselig wie immer, auf die nächste Mohrrübe.

Wir öffneten die Stalltür, stellten zwischen Tür und Anhänger links und rechts Gitter auf und schoben uns in der Buchte hinter die Esel. Lulu übernahm auf dem Weg nach draußen die Führung, aber sie konnte nirgendwohin gehen als in den Anhänger. Sie versuchte die Absperrung zu durchbrechen, aber Ken wartete schon auf sie. Wir gaben ein wenig Korn in den Anhänger und schlugen im Rücken der Tiere ein paar Müllkübel gegeneinander. Simon sprang als Erster hinein. Lulu und Fanny folgten ihm nach Eselart. Sie würden sich nicht trennen lassen.

Es dauerte nicht einmal eine halbe Stunde, bis der Anhänger auf der neuen Farm angelangt war. Wir hatten Rocky in seine Stallbuchte gebracht, die durch ein Gatter abgetrennt war.

Als wir an unserem neuen Zuhause ankamen, öffneten wir die Hintertür des Anhängers, und wiederum war es Simon, der als Erster hinaussprang. Alle Esel wirkten ein bisschen verunsichert wegen der Fahrt, aber sie schienen auch neugierig auf ihre neue Umgebung zu sein.

Simon kam schnell auf mich zu, und ich reichte ihm eine Möhre, die er dankbar kaute. Lulu und Fanny wollten sich noch nicht darauf einlassen und nahmen nichts zu fressen an, aber als sie Maria und mich sahen, beruhigte sie das. Rocky wieherte im Stall, und schnell waren alle drei Esel am Gatter; sie sogen die Luft ein und schauten in den Stall. Wir ließen sie allein, damit sie sich an den neuen Ort gewöhnen konnten. Als wir später zurück auf die Bedlam Farm fahren wollten (denn wir Menschen wollten erst in einigen Tagen umziehen), grasten die Esel weiter hinten auf der Wiese.

Wie die meisten Tiere verloren sie nicht viel Zeit damit, dem nachzutrauern, was sie zurückgelassen hatten – wo es doch auch hier frisches grünes Gras gab. Von Zeit zu Zeit warfen sie Rocky ein paar prüfende Blicke zu, aber die erste Begegnung hatte sie zufriedengestellt. Es schien ohne große Probleme zu laufen. Sie würden es schon hinbekommen.

Der Umzug veränderte uns beide so, wie wir es nicht erwartet, ja nicht einmal im Traum gedacht hätten. Jeden Tag machte ich Dinge, die ich nie zuvor getan hatte. Not macht erfinderisch. Und eigenständig macht sie auch. Ich lernte, wie man alte Tapeten von den Wänden löst, wie man klemmende Fenster aufstemmt, Feuerholz stapelt, Löcher in der Wand ausspachtelt, Holz schleift und bemalt.

Mehrmals täglich fuhr ich zum Baumarkt und suchte dort nach Kleister, dem richtigen Schraubenzieher oder Hammer sowie den passenden Nägeln. Ich ließ Florences vierzig Jahre alten Mäher reparieren und hielt durch, was ich mir vorgenommen hatte: Ich wollte meinen Rasen fortan selbst mähen, statt jemanden dafür zu bezahlen, wie ich es jahrelang getan hatte.

Jeden Tag sprach ich mit Ben über Schieferdächer und das Einsetzen neuer Stallfenster, die den Schnee abhalten sollten. Ich brachte Unrat von der Weide ins Wäldchen oder hinunter zur Deponie.

Maria und ich machten das meiste davon gemeinsam. Sie hatte früher einmal ihr künstlerisches Schaffen zugunsten einer Karriere als Restauratorin aufgegeben, und Spachteln und Malern war eigentlich das Letzte, was sie tun wollte. Aber sie machte es trotzdem, und auch ich tat diese Dinge, und weil es etwas war, das wir zusammen bewältigten, weil wir gemeinsam für unser neues Zuhause arbeiteten, liebten wir diese Arbeiten sogar. Nachts fielen wir meist erschöpft ins Bett und waren schon eingeschlafen, ehe wir auch nur das Licht hätten ausmachen können.

Mir war zuvor nicht bewusst gewesen, wie notwendig es für uns war, Bedlam Farm hinter uns zu lassen. Oft wurde ich gefragt: »Wie konnten Sie nur einen so schönen Ort verlassen?« Mein Stolz hielt mich davon zurück, einen Teil der Wahrheit einzugestehen – wir konnten uns die Instandhaltung schlicht nicht mehr leisten. Aber der wahre Grund war schwieriger zu erklären. Der Maßstab meines Lebens hatte sich verändert. Auch meine Werte waren andere geworden. Ich lebte mein Leben endlich in voller Eigenverantwortung und wollte einige der Dinge tun, die andere Männer taten. Ich wollte lernen, wie man etwas repariert und baut und wie man sich um die physischen Objekte in meinem Haus und meinem Leben kümmert. Ich war überrascht, wie viel Geld wir sparten, indem wir so viele Arbeiten selbst ausführten. Der Durchbruch kam gewissermaßen, als die Toilettenspülung nicht mehr zu rauschen aufhörte. Zunächst wollte ich einen Klempner anrufen, aber dann legte ich das Handy beiseite, fuhr in den Baumarkt, kaufte einen Gummistopper für den Spülkasten und setzte ihn selbst ein.

Bald nannte ich die neue Farm »Bedlam Farm 2.0«. Sie hatte alle Vorzüge, die wir an der alten Farm geliebt hatten, aber ihre Ausmaße passten besser zu unserem täglichen Leben. Das Gelände war kleiner, das Heu lag gleich auf dem Stallboden, und die Wassereimer brauchte man von der Hintertür nur fünfzehn Meter weit zu schleppen. Das Haus war kompakter und anheimelnder. Ich musste aufpassen, dass ich es nicht vollstopfte – unser altes Farmhaus war groß und ausladend gewesen und hatte all meinen Plunder, Papiere, Bücher und Kleidungsstücke mühelos aufnehmen können. Wir hatten jetzt keinen verglasten Vorbau mehr, und die alten Fenster waren um die Fensterbretter herum verrottet. Wenn wir sie aufmachten, entstand so etwas wie eine Autobahn für Käfer und Fliegen. Aber wir meisterten die Schwierigkeiten, und ich schleppte zwei Adirondack-Gartensessel auf die hintere Weide, damit wir uns hinsetzen und unsere schöne neue Umgebung genießen konnten.

Der Umzug brachte uns einander sogar noch näher; Maria freute sich, jetzt in *unserem* Haus zu leben, statt Mitbewohnerin in *meinem* zu sein. Sie übernahm die Eigentümerschaft über den neuen Ort auf ganz andere, intensivere Weise. Das neue Haus war ihr »geliebtes Heim«, wie sie es ausdrückte.

Nun lebten wir in der Nähe mehrerer Städte, darunter Bennington in Vermont und Cambridge in New York. Alles, was wir brauchten, lag nicht mehr so weit entfernt – Tankstelle, Baumarkt, Freunde und Ärzte. Wir wohnten wenige Hundert Meter von Momma's

Restaurant, sodass wir, wenn wir hungrig waren, einfach die Straße hinabschlendern konnten, um uns einen Burger oder einen Wrap zu kaufen. Wir mussten nicht erst dreißig Meilen fahren. Ich verbrachte jetzt viel weniger Zeit im Auto.

Simon und ich genossen weiterhin unsere täglichen Unterhaltungen. Ich brachte die Meinung vor, dass die neue Farm für uns beide ein guter Ort sei, und er beobachtete mich genau, kaute seine Möhre und schien mir zuzustimmen. Er wirkte genauso zufrieden, wie ich es war. Er liebte den neuen Ständerstall, und die flache Weide war für seine ramponierten Beine viel leichter zu bewältigen (für meine übrigens auch).

Wir bauten hinter dem Haus einen Hundezwinger, und die Hunde richteten sich darin ein, wie es Hunde eben tun. Red hatte wieder Schafe hinter dem Haus, meine Labradorhündin Lenore konnte die Wiese erkunden, und Frieda, unser Wachhund, hatte eine Menge Trucks, die sie uns vom Leibe halten konnte.

Wir konnten es kaum erwarten, das ehemalige Schulhaus auf unserem Grundstück zu einem Atelier für Maria herzurichten. Aber dafür brauchten wir Hilfe. Ben kam vorbei, um den Fußboden abzuschleifen und zu polieren. Er füllte Dämmmaterial in die Wände und reparierte alle Löcher an den Seiten. Wir installierten die Beleuchtung und ein Heizleistensystem. Maria war glücklich, ihre neue Werkstatt beziehen zu können; sie ließ ihren Blog wieder anlaufen und begann Decken und Textilobjekte herzustellen und zu verkaufen. Auch ich war glücklich. Ich bezog das Empfangszimmer, in dem früher häufig der Pfarrer vorbeigeschaut hatte, und baute dort meinen Computer auf. Wir machten uns gleich an die Arbeit.

Die alte Bedlam Farm war ein abgelegener Ort gewesen, aber in unserem neuen Heim waren freundliche Nachbarn nicht fern. Einer nach dem andern kamen sie vorbei, um uns zu begrüßen, uns ihre Hilfe anzubieten und Geheimnisse aus der Nachbarschaft auszuplaudern. Und wir begannen den aufregenden und anstrengenden Prozess, in eine neue Gemeinschaft hineinzuwachsen. Ich übernahm ehrenamtlich einen Schreibkurs in einem Kulturzentrum der nächstgelegenen Stadt, während Maria Freiwilligendienst in der Lebensmittelgenossenschaft leistete.

Unsere Tage waren gefüllt und erfüllt zugleich. Wir machten unsere Arbeit, schauten bei den Tieren vorbei, putzten Schränke und reparierten alte Lampen. Spät am Abend steuerten Maria und ich dann oft die Adirondack-Stühle hinten auf der Weide an. Dort hielten wir uns an den Händen und sahen gemeinsam den Mond aufgehen.

»Wie fühlst du dich hier?«, fragte ich Maria eines Abends nach vielen Stunden Tapetenabkratzen. Am Rücken und in den Haaren hingen mir jede Menge Tapetenfetzen. »Wie zu Hause«, sagte sie. Und auch mir ging es so.

Achtzehn
Unruhe im Paradies

Maria und ich erinnern uns gern an jenen sonnigen Herbsttag, an dem Rocky uns auf einen Spaziergang in seinen geheimen Garten mitnahm. Er hatte verschiedene Plätze – Schlupfwinkel, sichere Orte vielleicht –, die er regelmäßig aufsuchte, beinahe jeden Tag.

Einer von Rockys Lieblingsplätzen war die Ecke im Süden des Weidelandes, auf der Klee wuchs. Es war ein abgeschiedener Flecken, versteckt hinter alten Bäumen und von einer viel befahrenen Straße begrenzt. Ein anderer lag unter dem Apfelbaum hinter dem großen Stall, wo er häufig graste und in die Welt hinausstarrte, lauschend, vielleicht an die Zeit zurückdenkend, als er noch hatte sehen können.

Rockys liebster Platz aber lag außer Sichtweite, hinter der großen Scheune den Hügel hinunter und jenseits eines sumpfigen Bachs. Wenn wir ihn riefen, war er bisweilen dort unten. Manchmal kam er zu uns hoch, manchmal aber auch nicht.

Nachdem wir ihn an einem schönen Sonntagnachmittag gebürstet und gestriegelt hatten, wieherte er und tänzelte verspielt um uns herum. Wir hatten ihn nie zuvor so überschwänglich erlebt. Alt, wie er war, bewegte sich Rocky für gewöhnlich langsam und zielgerichtet. Doch an diesem Nachmittag schien sein früherer Geist wieder hervorzukommen, angeregt durch die mit Maria verbrachte Zeit. Er wies mit seinem Kopf hügelabwärts und schien auf uns zu warten.

Wenn es um Rocky ging, war es schwierig, Liebe von Mitgefühl zu trennen; manchmal kann sich Mitgefühl aber in Liebe auswachsen. Als ich Rocky das erste Mal begegnete, tat er mir einfach leid: Dieses alte blinde Pony stand seit Jahren allein auf seiner Weide, und seine menschliche Partnerin war nach einem hundertjährigen Leben allmählich am Vergehen. Aber als ich Rocky besser kennenlernte, vertiefte sich dieses barmherzige Gefühl. Ich mochte es, wie Maria und er eine Bindung zueinander aufbauten. Ich bewunderte seine Unabhängigkeit. Er akzeptierte und ertrug. Es war etwas wunderbar Edles an ihm, etwas heldenhaft Stoisches, und ich begann ihn dafür zu lieben.

An diesem Morgen trabte er den Hügel hinunter und drehte sich mehrfach um, weil er auf Maria, Red und mich wartete. Wir durchwateten das nasse Gras und legten einige Holzbretter über die sumpfige Wiese. Die Sumpfzone war etwa drei Meter breit, und dahinter erhob sich ein sanfter Hügel. Dort wartete Rocky, bis wir ihn eingeholt hatten. Dann wandte er sich nach rechts einem Pfad zu, der vom Stall aus nicht einzusehen war.

Eine Wiesenfläche tat sich auf, eine zarte Weide, umgeben von Sträuchern, Gestrüpp und einem Bach. Rocky trabte zum Bach und trank daraus. Überall sahen wir seine Hufabdrucke. Er schnupperte an einigen Wildblumen, knabberte an verschiedenen Beeren und rupfte ein paar Halme von dem dunkelgrünen Sumpfgras ab. Dann kam er zu uns, beschnupperte Red und wieherte mehrfach, offenbar aus purer Freude.

Es war eine wunderschöne Erinnerung, einer von diesen Momenten zwischen Menschen und Tieren, die uns an sie binden und sie an uns. Wir alle durchstreiften Rockys geheimen Garten, einen Ort, der ihm vielleicht sein Leben lang Behaglichkeit, Sicherheit und Nahrung gegeben hatte und der aus dem Bewusstsein der Menschen verschwunden war. Aber uns hatte er ihn gezeigt; er war mit uns dorthin gegangen, genau wie er uns zu der Farm gebracht hatte.

Maria muss heute noch weinen, wenn sie daran denkt.

* * *

Während meines Farmlebens habe ich eine Menge Dinge gelernt. Die vielleicht größte Lektion ist, dass meine Pläne, Hoffnungen und Erwartungen einen Quell großer Belustigung darstellen müssen für jene Kräfte, die unsere Erde beherrschen – wer auch immer sie sein mögen. Die Farm ist ein großer Lehrmeister: Leben und Tod, Notlagen und geheimnisvolle Dinge geschehen hier fast täglich.

Wir beobachteten Rocky und die Esel mit einiger Sorge. Wir wollten, dass sich alles zueinanderfand; wir liebten die Tiere und hofften, lange mit ihnen zusammenleben zu können.

Sich um Rocky zu kümmern und ihn auf der Farm zu haben, war eine der schönsten Erfahrungen, die Maria und ich je gemacht haben. Dass wir sie miteinander teilten, machte sie sogar noch nachdrücklicher. Anfangs schien er in einer Art Nebel zu leben, aber als er mich und vor allem Maria besser kennenlernte, änderte sich das. Er schien jetzt aufzublühen. Nachdem seine Zähne in Ordnung gebracht waren, konnte er wieder besser fressen und dadurch sein Gewicht halten. Für ein in die Jahre gekommenes Pony ist das wichtig. Er bewegte sich flinker und verfiel mitunter sogar in Trab. Ich schwöre, dass ich ihn in einer mondhellen Nacht im Nebel tanzen sah. Er war einfach liebenswert und einzigartig.

Manchmal setzte ich mich hin und beobachtete ihn und Maria, wenn sie für Rocky sang, zu ihm sprach oder die Kletten aus seinem Fell bürstete. Dieses lange vernachlässigte Geschöpf schien diese Aufmerksamkeit geradezu aufzusaugen. Rocky hatte wieder jemanden, der ihn liebte und sich um ihn kümmerte.

Wohin wir in unserer neuen Stadt auch kamen, überall fragten uns die Leute, wie es Rocky gehe. Sie sagten, er sehe großartig aus, so glänzend und gepflegt. Viele Leute erinnerten sich mit Liebe und Hochachtung an Florence, und viele andere kamen einfach vorbei und schauten dem Pony beim Grasen zu. Wie Florence war Rocky ein Symbol für die alten Zeiten.

Florence hatte einmal gesagt, dass es wirklich keinen Grund gebe, weshalb sie oder Rocky noch am Leben waren. Sie waren beide einfach zu zäh zum Sterben. Die Liebe, die Florence für Rocky empfand, gehörte vielleicht zum Barmherzigsten und Mitfühlendsten, was ich je zwischen einem Menschen und einem Tier gesehen hatte. Sie berührte mich tief.

Die Pflege von Rocky wurde Teil unseres täglichen Lebens, jener Reihe von Pflichten, die Maria und mich mit der Farm verbanden, mit Simon und den übrigen Eseln sowie mit den anderen Tieren.

Sie bedeutete aber auch eine Menge Arbeit, weil Rocky eine Zeit lang von den anderen Eseln getrennt bleiben musste. Es gab in seinem Stall eine Menge zu tun. Er bekam zweimal täglich frisches Heu, und wir schleppten viele Eimer Wasser für ihn heran. Er wurde regelmäßig gestriegelt, und er bekam ein spezielles kalorienreiches Getreide, damit er vor dem Winter etwas zunahm.

Wir hatten noch nicht herausgefunden, wo wir ihn im Winter füttern sollten. Die Esel würden an ihrer Heuraufe fressen; aber wir konnten nicht erwarten, dass sich ein altes blindes Pony in dieses Gedränge stürzte.

Nach zwei Wochen waren wir erfreut, wie schnell sie sich aneinander gewöhnten. Simon, Lulu und Fanny verbrachten viel Zeit vor Rockys Stall. Sie berochen das Tor, beschnüffelten Rocky und schauten sich ihn an. Es war, als würde sich die Herde bereits formen. Sie schienen alle viel Zeit miteinander zu verbringen, selbst wenn sie noch durch ein Tor getrennt waren. Simon schaute Rocky mitunter kurz an, aber sonst schien er nicht einmal zu bemerken, dass das Pferd da war.

Zu Beginn der dritten Woche öffneten wir die Buchte. Red war mit dabei und spazierte mit Rocky hinaus. Das Pony hielt an, sog die Luft gründlich ein und schnüffelte dann nach Red.

Rocky brauchte eine Weile, aber dann kam er aus der Ständerscheune, fand seinen Weg und strebte seiner Weide entgegen, die draußen an der Straße neben dem Farmhaus lag. Simon, Lulu und Fanny standen einige Meter entfernt; alle drei starrten auf Rocky und wirkten wie angewurzelt.

Rocky hob seine Nüstern, um Witterung aufzunehmen, und trabte dann rasch seinen Weg hinunter. Die Esel schienen ihn nicht weiter zu kümmern; er marschierte einfach an ihnen vorbei. Maria und ich hatten beschlossen, in der ersten Woche, die Rocky mit den Eseln verbrachte, vor Ort zu sein. Wir wollten entweder draußen sein und sie beobachten oder zumindest irgendwo im Haus, wo man hinausschauen und die Weide überblicken konnte. Das war ziemlich leicht zu arrangieren, da die Weideflächen das Farmhaus von drei Seiten umgaben. Wir hatten beschlossen, vorsichtig zu sein. Rocky sollte zuerst nur einige Stunden am Tag draußen sein, bis sich alle aneinander gewöhnt hatten. Nach dem, was man uns gesagt hatte und was wir selbst auch erwarteten, würde es gewisse Spannungen geben, ein wenig Neugier und sogar einiges Stoßen und Schnauben, bis sich die Dinge beruhigten.

Natürlich war auch mit einer gewissen Geschlechterdynamik zu rechnen. Rocky war kastriert, genau wie Simon. Aber männliche Tiere konnten trotzdem miteinander konkurrieren. Zudem konnten sie die weiblichen Tiere in Schutz nehmen. Die meisten Leute, mit denen wir sprachen, waren der Ansicht, Esel seien sensibel genug, um mitzubekommen, dass Rocky alt und gebrechlich war. Nach einer gewissen Zeit würden sie das Interesse an ihm verlieren.

In den ersten beiden Wochen der Versuchsphase waren Maria und ich tagsüber immer wieder auf der Weide. Nach ein paar Stunden nahmen wir einen Apfel und riefen Rocky herbei, oder wir schickten Red hinaus, um ihn zu holen. Er folgte Red immer und blieb stets in seiner Nähe.

Wir waren mit dem Ergebnis zufrieden. Alles ging glatt. Rocky hatte seinen Auslauf, suchte seine Weide und den geheimen Garten auf und wurde am Nachmittag wieder in seine sichere Buchte gebracht. Simon warf stets wachsame Blicke auf Rocky, aber das war für Esel normal.

Unsere Theorien über Tierhaltung schienen aufzugehen: Tiere mit genügend Futter, Aufmerksamkeit und Obdach haben kaum Gründe, sich zu streiten. Mein Dreigestirn von machtvollen Geisttieren – Rocky, Red und Simon – fand zueinander und lebte zusammen.

Simon war wiedergeboren, Red war glücklich und beschäftigt, und Rocky war nicht länger allein.

Aber so ist es mit der Hybris: Man kann eine ganze Weile oben am Klippenrand entlanglaufen, doch wenn man abstürzt, geht es tief nach unten.

In der dritten Woche hielten wir es nicht länger für nötig, immer anwesend zu sein. Wenn Rocky auf die Weide ging, folgte er seinen eingespielten Abläufen: Morgens graste er auf der hinteren Weide und am späten Nachmittag auf seiner geheimen Wiese. Wir planten nun, ihn auch nachts mit den anderen Tieren draußen zu lassen, und zwar auf der Weide, wo er immer gewesen war, wenn das Wetter es erlaubt hatte. Wegen seines Alters beschlossen wir aber, ihm ein Vorrecht zu gewähren: Bei scheußlichem Wetter durfte er in den Stall. Die Esel und die Schafe würden in der Ständerscheune ausreichend Schutz finden.

Eines Tages musste ich in die Stadt fahren, um ein paar Lebensmittel einzukaufen. Als ich zum Wagen ging, bemerkte ich auf der Wiese Unruhe und drehte mich um. Rocky trabte langsam in Richtung Stall, aber hinter ihm kam Simon mit angelegten Ohren und gesenktem Kopf in der Haltung eines angreifenden Esels in vollem Galopp auf ihn zugestürmt.

Red war nicht auf der Weide. Rocky blieb auf seinem üblichen Pfad. Es war wie ein Horrorfilm in Zeitlupe: Ich sah Simon auf den blinden Rocky zustürmen, ich schrie und rannte los, wedelte mit den Armen und hoffte, Simon damit zu stoppen oder wenigstens Rocky zu warnen.

Als ich zum Gatter rannte, sah ich, wie Simon iahend und schnaubend voll in das Pony krachte. Er biss Rocky kräftig in den Rücken und holte mit all seinem Schwung das Pony von den Beinen. Rocky stürzte direkt in den Elektrozaun und gegen die Pfähle hinter ihm.

Rocky wusste nicht, was ihn da getroffen hatte. Ich konnte hören, wie sich die Ladung des Zaunes mit einem Knistern und Knallen entlud. Rocky prallte zurück und ging zu Boden. Die Ohren und der Schwanz zuckten. Einen Moment lang glaubte ich, der elektrische Schlag hätte ihn getötet. Simon umkreiste das blinde Pony mit immer noch angelegten Ohren und setzte gerade zu einem neuen Angriff an, als ich das Gatter aufstieß und mich brüllend und mit fuchtelnden Armen zwischen sie warf.

Es ist niemals eine gute Idee, zwischen zwei miteinander kämpfende Großtiere zu treten, aber ich dachte nicht wirklich darüber nach. Der Anblick des benommenen Rocky, der neben dem Zaun lag und wieder auf die Füße zu kommen versuchte, war zu viel für mich.

»Stopp, Simon, stopp!«, schrie ich und stellte mich vor den Esel, bevor er Rocky erneut attackieren konnte. Simon achtet immer darauf, was ich sage, und ich konnte kaum glauben, was ich gerade erlebte.

Simon hielt inne, sah mich an und wich zurück. Ich ging auf ihn los, schrie und wirbelte mit den Armen. Er drehte sich um und lief zurück zu Lulu und Fanny, die beide fünfzig Meter entfernt standen und zuschauten. Dass ich ihn angeschrien hatte, schockte ihn offenbar.

»Es tut mir leid, Rocky«, sagte ich und beugte mich hinunter zu dem Pony, das sich abmühte, wieder auf die Beine zu kommen. Schließlich stand Rocky auf, machte kehrt und rannte angsterfüllt zurück zu seiner Ecke der Weide nahe dem äußeren Zaun. Ich blickte hoch und sah, dass Simon einen Bogen gelaufen war und Rocky erneut verfolgen wollte. Ich baute mich vor ihm auf, fuchtelte erneut mit den Armen und drängte ihn zurück.

Sah Simon denn nicht, dass Rocky alt, hilflos und blind war? Dass er keine Bedrohung darstellte?

Immerhin war es Rockys Zuhause, und Simon war hier der Eindringling. Verstand Simon das nicht? Meine ganze Vorstellung von ihm brach hier auf der Weide in sich zusammen; er war nicht länger der sanfte Platero, der mit mir den Pfad entlangspazierte und über das Leben nachdachte. Plötzlich war er ein ganz anderer.

Maria hatte meine Rufe gehört und kam auf die Weide gelaufen. Ich erzählte ihr, was passiert war.

»Aber warum?«, fragte sie. »Warum hat Simon das gemacht?«

Ich hatte keine Ahnung. Sein Angriff schien aus dem Nichts gekommen zu sein. Er traf uns völlig unvorbereitet.

Wir brauchten eine Stunde, um das geschockte und verwirrte Pony von der Weide zu holen. Zuerst brachte ich die Esel auf die Schafweide, die sich auf der anderen Seite des Farmhauses befand, und sperrte sie dort ein. Dann schickten wir Red hinaus, der sich vor Rocky hinsetzen und ihn zurückführen sollte. Reds Anwesenheit schien Rocky zu besänftigen. Er beruhigte sich so weit, dass wir uns ihm nähern konnten. Wir sahen einige Bisswunden auf seinem Rücken und am Hinterteil, aber kein Blut. Er schien auch sicher gehen zu können.

Es hallte mir immer noch im Ohr, das Geräusch, mit dem er in den Zaun gekracht war (der war nun einen ganzen Meter nach hinten gedrückt), und der Knall, als sein Körper an den Elektrozaun gekommen war. Die Umzäunung der Farm war zu Florences Zeiten viele Jahre nicht geladen gewesen. Wahrscheinlich war es das erste Mal, dass Rocky einen Schlag bekam. Ich konnte nur ahnen, wie traumatisch dieses Erlebnis für ihn gewesen sein musste – wie Simon in ihn hineingerauscht war, ihn gebissen und in den Elektrozaun gestoßen hatte.

Nachdem wir Rocky in seine Buchte gebracht hatten, ließen wir die Esel wieder auf die große Weide. Simon und die Mädels kamen sofort an die Buchte gelaufen und verharrten dort. Allerdings sah Simon jetzt anders aus: Seine Ohren waren aufgerichtet, er machte große Augen und schnaubte.

Seit ich Simon adoptiert hatte, hatte sich ein rosiger Schimmer um meine Vorstellung von Tieren gelegt.

Wiedergeburt und Auferstehung sind große Ideen, und ich glaube, dass Tiere es uns ermöglichen, sie von Zeit zu Zeit im wirklichen Leben zu erfahren. Und natürlich fühlte ich mich als Held. Überall, wo ich hinkam, dankten mir die Menschen dafür, dass ich Simon gerettet und aufgenommen hatte und dass die Geschichte seiner Rettung so gut ausgegangen war. Und unter Tierfreunden sind Happy Ends geschätzt und sehr beliebt, man teilt sie gern.

Aber noch mächtiger als unsere Tierliebe ist unsere Eigenliebe; es gibt keine fesselnderen und dauerhafteren Geschichten als die, die wir gern über uns selbst erzählen.

Simon hatte in gewisser Hinsicht gleich von Beginn an aufgehört, ein Esel zu sein, und war zu einer Verkörperung dessen geworden, was ich in ihm suchte: ein Platero, der mit mir freundlich durchs Leben spaziert, ein sanftes, dankbares und ergebenes Geschöpf, ein Freund der Kinder, der Arbeit – und *mein* Freund.

Es ist erstaunlich, wie unser Geist arbeitet, wie wir sehen und hören, was wir sehen und hören wollen, jedenfalls so lange, bis uns ein schockierendes Erlebnis dazu bringt, die Dinge zu sehen, wie sie wirklich sind. Ich rief einige Freunde an, recherchierte im Internet und zog ein paar Bücher über Pferde und Esel aus dem Regal.

Diesmal wies einfach alles, was ich fand, in eine andere Richtung und legte ein anderes Ende nahe, das nicht glücklich war. Ja, manchmal könne man ein neues Pferd oder einen neuen Esel tatsächlich in eine bestehende Herde einfügen, aber manchmal gebe es auch eine schwierige Eingewöhnungszeit. Bei Eseln und Pferden sei es üblich, dass sie Neuzugänge beißen und treten. Es sei ebenfalls sehr verbreitet, dass eine Herde einen Außenseiter zurückstößt, besonders wenn er alt oder versehrt ist. In der Wildnis würde ein solcher Neuankömmling Raubtiere anziehen und die Herde in Gefahr bringen. Die Anführer der Herde attackierten und vertrieben einen schwachen Neuzugang sehr häufig, um so die Herde zu schützen. Zudem sei es sehr wahrscheinlich, dass ein männliches Tier einen gleichgeschlechtlichen Eindringling vertreibt, sogar wenn dieser gesund ist – er bedroht nämlich seine dominante Stellung in der Herde.

Ich war schockiert, als ich das las. Es war genau das Gegenteil von dem, was man uns erzählt hatte. Warum hatte ich das nicht früher herausgefunden? Es ergab allerdings durchaus Sinn. Ich rief erneut die Leute an, deren Rat ich eingeholt hatte und die mir gesagt hatten, meine Esel und Rocky würden es schon hinkriegen.

»Oje«, sagte der eine, als ich von Simons Angriff auf Rocky berichtete, »das wird nie funktionieren. Simon schützt seine Herde, seine Stuten. Ein blindes, altes Pony wird er niemals akzeptieren.«

Ein anderer sagte am Telefon traurig: »Kannst du für Simon nicht ein anderes Zuhause finden? Das ist das Einzige, was hilft. Ein blindes, altes Pony kann man nicht umsetzen, aber die Esel werden es nie akzeptieren.«

Ich traute meinen Ohren kaum. Dieselben Leute, die so zuversichtlich gewesen waren, dass das Experiment gelingen würde, erklärten mir nun, dass es nie im Leben klappen könne.

Ich rief eine Tierärztin an, der ich vertraute und die in der Behandlung von Pferdeartigen sehr erfahren war. »Ich will ehrlich zu Ihnen sein«, sagte sie. »Simon macht nur seinen Job. Er schützt seine Herde. Er wird nicht zulassen, dass ein alter, schwacher Hengst bei den Eselstuten ist, die er behütet. Rocky ist alt und müde. Das ist zu viel Stress für ihn. Er sollte nicht noch einem Winter ausgesetzt werden.«

Ich fragte sie, ob sie mir damit riet, Rocky einschläfern zu lassen.

»Wenn es mein Pferd wäre, würde ich es tun«, sagte sie. »Ich würde ihm keinen weiteren Winter zumuten.« Ihre Worte trafen mich wie ein Torpedo. Zuerst dachte ich, ehrlich gesagt, an Maria. Ihr war Rocky sehr ans Herz gewachsen, er war ihr kleines Pony.

Und so war ich erneut mit Mitgefühl konfrontiert, mit dem Wort wie mit der Vorstellung. Ich empfand Mitgefühl mit Rocky, der in seinen einsamen Jahren so viel zu ertragen gehabt und nun wieder so viel gefunden hatte – Red, Maria, mich, frisches Korn, gutes Heu, ein Obdach, Gesellschaft und eine Bestimmung.

Ich hatte Mitgefühl mit Simon, der seine Herde beschützte und Gefahren von ihr abhielt.

Und ich hatte Mitgefühl mit Maria, die ihr Pony innig liebte, die so lange darauf gewartet hatte, sich für die Liebe zu Tieren zu öffnen, und die jeden Morgen wie verwandelt war, wenn sie auf der Weide stand, um ihr Pony zu bürsten oder ihm Apfelstücke zu geben. Sie sah, wie glücklich Rocky war, wieder die Liebe eines Menschen anzunehmen.

Was bedeutete Mitgefühl in diesem Fall aber wirklich? Bedeutete es, Rocky in diesem plötzlich so gefährlichen und schwierigen Leben zu halten? Oder nicht vielleicht doch, ihn gehen zu lassen? In der Welt der Tierrettung wird Mitleid heutzutage fast einhellig so verstanden, dass man die Tiere unter allen Umständen und koste es, was es wolle, am Leben erhalten müsse.

Auf einer Farm, mit wirklichen Tieren, ist Mitgefühl häufig etwas ganz anderes. Eine Farm, auf der nicht getötet wird, gibt es nicht. Ich musste auf die harte Tour lernen, dass Mitgefühl manchmal bedeutet, nicht festzuhalten, sondern loszulassen. Und man kann dabei keiner anderen Richtschnur folgen als dem eigenen Herzen.

Während wir überlegten, was jetzt zu tun sei, hielten wir die Augen offen und beobachteten sehr genau, was Rocky und die Esel taten, während sie grasten. Als eines Nachmittags die Esel in einer Ecke weideten und Rocky in einer anderen, ging ich ins Haus, um mir etwas zu trinken zu holen.

Als ich wieder hinauskam, rief Ben, der das Stalldach reparierte, dass er gerade gesehen habe, wie

Simon Rocky attackiert und in den Zaun gedrückt hatte. Jetzt war Rocky auf einen schlammigen Teil der Weide geflohen, der durch den Frühlingsregen überschwemmt war. Schon aus einigen Metern Entfernung erkannte ich die Bissspuren auf seinem Rücken und sah, dass er zitterte.

Es ist immer noch schwierig zu beschreiben, was ich für das arme alte Pony, das ganz allein vor sich hin gelebt hatte, empfand. Es hatte sich seine eigenen Wege gesucht, seinen eigenen geheimen Garten. Und plötzlich wurde sein Leben von neuen Menschen gestört, die neue Tiere mitbrachten, und sein friedliches Erdenwandeln hatte ein Ende: Rocky wurde attackiert, gebissen und gegen die Zaunpfähle und den Elektrodraht gedrückt. Wenn je ein Geschöpf ein Anrecht auf etwas Frieden und Ruhe hatte, dann war es Rocky.

Ich war zornig. Ich fühlte nichts als Wut auf Simon. Ich lief auf die Weide und sah, wie er schon wieder zum Angriff auf Rocky ansetzte. Ich rannte, so schnell ich konnte, und schnitt ihm den Weg ab. Dann holte ich aus und versetzte Simon einen harten Schlag ins Gesicht.

»Simon, was ist los mit dir?«, schrie ich ihn an. »Nach allem, was du durchgemacht hast, tust du ihm so etwas an? Wie kannst du nur?«

Ich weiß nicht, wer überraschter war, Simon oder ich. Er bremste seinen Lauf jäh ab, stand mit aufgestellten Ohren da und sah mich an, als wäre ich gerade vom Himmel gefallen, als wüsste er gar nicht, wen er vor sich hatte, und könnte gar nicht glauben, dass ich es war.

Ich fühlte mich schrecklich, mein Gesicht lief vor Scham, Ärger und Reue rot an.

Ich hatte ihn geschlagen, damit er sich nicht erneut auf Rocky stürzte, aber ich hatte ihn auch aus Wut geschlagen. Dieser Schlag war tief aus mir heraus gekommen, aus meinen dunkelsten Stellen.

Simon stand stocksteif da und starrte mich an. Ich war entsetzt. Ich eilte zu ihm, umarmte ihn und küsste ihn auf die Nase. Ich streichelte die Stelle, auf die ich ihn geschlagen hatte. Wie rasch waren meine Vorstellungen von Barmherzigkeit und Mitleid in einem Wutanfall zusammengebrochen, weil Simon sich wie ein Esel verhalten hatte und nicht wie ein Mensch, nicht wie ich.

Rocky war inzwischen verschwunden. Er hatte wohl Simons neuerliche Annäherung gespürt und war in die Sicherheit seines Sumpfes zurückgetrabt. Der Zaunpfahl war von der Kollision verbogen. Rocky schien zu glauben, dass er im Wasser sicher war. Es stand vielleicht zwölf oder fünfzehn Zentimeter hoch, und offenbar wusste er, dass die Esel ihn dorthin nicht verfolgen würden.

Ich streichelte Simon noch immer die Ohren und sprach zu ihm. In all den Jahren meines Zusammenlebens mit Tieren hatte ich mich selten so schlecht gefühlt wie in diesem Moment; ich hatte Simon geschlagen und beinahe einen erneuten Angriff auf Rocky miterlebt.

Ein mir bekannter Farmer, der unweit der Bedlam Farm lebte, kam eines Tages zu uns, um mich um ein Exemplar meines Buches *Going Home: Finding Peace When Pets Die* (Heimgehen: Wie man seinen Frieden findet, wenn ein Haustier gestorben ist) zu bitten. Er hatte gerade seinen Border Collie verloren. Ich wusste, wie sehr er ihn geliebt hatte. Der Hund war vierzehn Jahre alt geworden und praktisch jede Minute eines jeden Tages an seiner Seite gewesen; er war auf seinem Traktor und in seinem Kleintransporter mitgefahren und hatte seine Kühe über die Wiesen gejagt.

»Wie ist er gestorben?«, fragte ich den Mann.

»Oh«, sagte er, »ich habe ihn erschossen.«

Ich war perplex und fragte ihn nach dem Grund.

»Er wurde mit jedem Tag kränker. Er konnte nicht mehr überallhin mitkommen, und ich habe gesehen, dass er große Schmerzen hatte.«

Aber, fragte ich in meiner Neugier, warum haben Sie ihn erschossen? Warum haben Sie ihn nicht zum Tierarzt gebracht?

»Es schien mir humaner«, sagte er. »Es war besser, ihn mit einem Schuss zu töten, als ihn in irgendeiner Tierarztpraxis auf dem Fußboden sterben zu lassen.«

Da ich wusste, wie sehr dieser Mann seinen Hund geliebt hatte, sah ich Mitgefühl jetzt in einem völlig neuen Licht. Ich weiß noch, dass ich dachte: Dies hier ist reines Mitgefühl, direkt und ungefiltert. Er hat dabei ausschließlich an seinen Hund gedacht.

Die wirkliche Welt mit wirklichen Tieren war nicht das, was viele Menschen gern sehen wollten – ich selbst vielleicht auch nicht. Das war eine weitere Lektion, die mich Simon gelehrt hatte. Wahres Mitgefühl ist nicht einfach, nicht so leicht, wie ein niedliches Tier zu lieben, das ein neues Zuhause sucht. Mir wurde bewusst, dass wahres Mitgefühl Empathie beinhaltet, die Fähigkeit, unsere eigene Definition von Güte beiseitezuschieben und uns in den Geist eines anderen Lebewesens einzufühlen, in diesem Fall in den eines Esels. Barmherzigkeit nimmt in der heutigen Welt oft die Form von Selbstgerechtigkeit an – Sie sind schlecht, weil Sie nicht getan haben, was ich getan hätte; Sie sind böse, weil Sie beschlossen haben, ein Leben zu beenden, statt es unter allen Umständen zu bewahren.

Mitgefühl und Barmherzigkeit schließen auch Selbstachtung mit ein. Beide verlangen von uns, prüfend in den Spiegel zu schauen und mit unseren Entscheidungen im Reinen zu sein. Es geht nicht darum, was andere davon halten. Es ist meines Erachtens dieser Gedanke, der so häufig im Wirbel des Verurteilens und Zürnens verloren geht – in all diesen Emotionen, von denen die eigentlichen Ideale der Menschlichkeit verdeckt werden.

An jenem furchtbaren Tag, an dem er Rocky erneut attackiert hatte, ging ich zu Simon und reichte ihm einen Keks. Ich küsste ihn wieder auf die Nase und bat ihn nochmals um Entschuldigung dafür, dass ich ihn geschlagen hatte. Ich sagte: »Vielen Dank dafür, dass du ein Esel bist. Ich bin ein bisschen schwer von Begriff, aber langsam kapiere ich es.«

Ich berichtete unserer Tierärztin am Telefon von Simons jüngster Attacke auf Rocky und sagte ihr, dass sich die Lage vermutlich nicht mehr ändern würde. Sie würden sich nicht miteinander arrangieren. Simons Beschützerinstinkte waren sehr stark ausgebildet, und sie würden sich nicht einfach in Luft auflösen, wenn ich ihm das befahl oder es mir wünschte. Ich konnte es in Simons Augen erkennen, an der Art, wie er Rocky anschaute, und an seiner Körpersprache. Ich konnte es in ihm spüren, genau wie er manches in mir spürte.

Ich beschrieb die Angriffe detailliert und sprach auch von meinen Sorgen in Bezug auf Rocky. Die Anwesenheit der Esel und die Angriffe setzten ihm augenscheinlich zu. Er war angespannt, zog sich an die entferntesten Ränder des Weidelandes zurück und blieb so lange draußen, wie er konnte. Zudem nahte der Winter. Rocky verlor an Gewicht, wurde gebrechlich.

»Ich habe das Gefühl«, sagte ich zu der Tierärztin, »es wäre am barmherzigsten, wenn man Rocky einschläfern würde. Es scheint alles zu viel für ihn zu sein. Ich glaube, seine Zeit ist gekommen. Florence ist schon gegangen; andere Tiere leben jetzt hier. Rocky wirkt auf mich völlig erschöpft.«

Sie schwieg einen Moment und sagte dann: »Jon, Simon wird dieses Pony nie akzeptieren. Es ist in seinen Augen eindeutig eine Gefahr für die Herde. Simon macht nur seinen Job. Und Sie müssen Ihren machen. Es ist Ihre Entscheidung.«

Am nächsten Morgen standen wir früher als sonst auf. Wir gingen zum Stall und brachten die Esel auf die Schafweide. Dann führten wir Rocky in die Ständerscheune. Ich beobachtete schweigend, wie Maria ihn bürstete, mit ihm sprach und ihm etwas vorsang. Rocky lehnte sich dankbar an sie.

Dann kam Red, legte sich vor ihm hin und wartete darauf, ihn auf die Weide führen zu können. Maria und ich sprachen von dem Tag, an dem Rocky uns in seinen geheimen Garten geführt hatte, glücklich darüber, dass ihm jemand Gesellschaft leistete, und stolz, uns seinen Lieblingsplatz zeigen zu können.

Die Tierärztin kam wie versprochen zu früher Stunde. Maria verabschiedete sich von Rocky und sagte ihm, sie wisse, dass er bereit sei zu gehen. Ich tätschelte das alte Pony und sagte: »Danke, Rocky. Du gehst jetzt an einen besseren Ort. Vielleicht triffst du Florence dort.« Rocky bekam eine Injektion in den Hals. Er sank sofort zu Boden. Als sich die Tierärztin hinkniete und mit dem Stethoskop sein Herz abhörte, war er schon tot. Red kam herbei und beschnüffelte den toten Körper. Dann legte er sich daneben und blickte in Richtung Weide.

Die sonst so neugierigen Esel zeigten kein Interesse. Aus den Augen, aus dem Sinn.

Als die Tierärztin ihre Sachen zusammenpackte, wandte sie sich mir zu und sagte: »Danke, dass Sie so barmherzig mit ihm waren.« Und dann war es vorüber. Maria und ich standen noch eine Weile Hand in Hand. Sie sagte, sie wolle nicht dabei sein, wenn die

Abdecker Rocky abholten. Ich wartete mit Red auf sie. Es dauerte nicht lange.

Rocky war fort, mein Dreigestirn hatte sich aufgelöst. Ich hatte wieder einige Dinge dazugelernt – über Simon, aber auch über Barmherzigkeit und Mitgefühl.

Ich ging zur Schafweide und ließ die Esel hinaus. Meines Wissens hatte Simon nicht mitbekommen, was geschehen war. Er blickte nicht einmal zu Rockys Buchte hinüber oder zu der Ständerscheune, wo er das Pony tagelang beobachtet hatte.

Er wirkte jetzt kleiner und sanfter, seine Ohren waren aufgerichtet, er bewegte sich langsamer und schien entspannt zu sein. Er kam direkt auf mich zu und rieb seine Nase an meinem Bauch, was er immer tat, wenn er Aufmerksamkeit wollte.

»Entschuldige bitte, Simon«, sagte ich, »du hast nur deinen Job gemacht. Du warst auf deine eigene Art ein Held.«

Neunzehn
Danach

Rockys Tod traf uns hart, aber auf einer Farm bleibt wenig Zeit für Trauer und Rückschau. Die Tiere müssen gefüttert und getränkt, die Zäune repariert und die Hunde in Bewegung gehalten werden. In unseren Jahren auf der Farm haben wir Hunde verloren, Hühner, Schafe, Kühe und Esel. Am Ende gewöhnt man sich daran.

Leben und Tod sind auf einer Farm keine getrennten Dinge, das eine ist die Fortsetzung des anderen. Und doch war Rocky wichtig für uns geworden. In seiner kurzen Zeit mit uns hatte er eine große Rolle in unserem Leben gespielt; wir hatten so gern für ihn gesorgt. Er war so ein anmutiges und widerstandsfähiges Geschöpf gewesen.

Simon verwandelte sich genauso plötzlich, wie er zu einem aggressiven und gewalttätigen Tier geworden war, das wir kaum wiedererkannten, in sein früheres Selbst zurück und wurde wieder zu meinem Platero. Einmal mehr wurde ich daran erinnert, dass Tiere nicht gut oder schlecht sind. Sie sind, was sie eben sind. Wir emotionalisieren sie so sehr, dass man diese grundlegende Wahrheit leicht vergisst.

Wir vermissten Rocky. Maria ging jeden Morgen zu seiner Buchte und kämpfte mit den Tränen. Für die anderen Tiere aber, für die Hunde, Katzen, Hühner und Esel, war es so, als wäre er nie da gewesen. Simon verschwendete nicht den kleinsten Blick auf Rockys Box.

Wie früher kam er zu Maria und mir, sobald wir die Weide betraten. Er erwartete, dass wir ihn bürsteten, streichelten und auf die Nase küssten. Seine Haltung änderte sich. Er war nicht mehr so angespannt und wachsam, schnappte nicht mehr so aggressiv nach seinen Karotten, und seine Ohren standen nicht immer steif aufgerichtet. Welche Bedrohung oder Gefahr er in dem alten Pony auch gesehen haben mochte – jetzt war sie vorüber. Ich brauchte, ehrlich gesagt, länger, um mich von dem Schock zu erholen.

Eine Zeit lang war es schwierig für mich, die alten, von Rocky ausgetretenen Pfade zu seinem Weidestück und zu seinem geheimen Garten zu betrachten. Wenn wir morgens in den Stall kamen, erwarteten wir immer noch sein Wiehern. Wir verschlossen das Gebäude und ließen die Esel und Schafe nicht hinein.

Eine Folge unserer Zeit mit Rocky war, dass Maria Reitstunden zu nehmen begann. Wir haben hinter dem Farmhaus ein paar Hektar Wälder und Wege, und ich stelle mir gern vor, dass sie auf die eine oder andere Weise ihr kleines Pony zurückbekommen wird.

Irgendwo im Unbewussten war mir klar, dass ich

mich verraten gefühlt hatte. Simon hatte nicht nur die Vorstellung, die ich von ihm hatte, infrage gestellt, er hatte uns auch dazu gebracht, ein Tier zu töten, das wir sehr liebten. Einige Wochen lang war es schwer, Simon anzublicken, ohne daran zu denken. Simon beachtete das aber nicht und hatte Geduld mit uns.

Die Zeit heilt alle Wunden, und der Alltagsrhythmus der Farm gewann wieder die Oberhand. Die Wogen glätteten sich, die Spannungen schwanden, und unser friedliches Königreich stellte sich wieder her. Wir hatten etliche Tiere zu versorgen, mussten dies und das instandhalten und reparieren und große Mengen Heu in die Scheune schaffen. In meinen Jahren als Farmbesitzer hatte ich gelernt, den Tod zu respektieren. Eines Tages wird er zu jedem von uns kommen, egal wie sehr wir ihn fürchten oder uns vor ihm verstecken.

Ich begann wieder damit, Simon aus *Platero und ich* vorzulesen, und wir brachen sogar zu einem kleinen Spaziergang ins Wäldchen hinter unserem Weideland auf. Simon schien aufzublühen, wenn er mich mit dem Zaumzeug kommen sah. Ich musste ihn nicht groß dazu drängen, unsere Ausflüge wiederaufzunehmen; er hatte weder Groll noch böse Erinnerungen zurückbehalten.

Ich kam jetzt zum Schluss des Buches, zu den ergreifenden Kapiteln über Plateros Tod, und ich war frappiert davon, wie viel Ähnlichkeit die Bilder und Gefühle mit Simons ersten Tagen auf der Bedlam Farm hatten, als er selbst dem Tode so nahe gewesen war.

Jiménez schreibt, wie er Platero eines Tages vorfand:

auf seinem Strohbett liegend und mit matten und traurigen Augen. »Ich ging zu ihm, streichelte ihn, redete ihm zu, wollte ihn zum Aufstehen ermuntern ... Mit einer jähen Bewegung drehte der Arme sich um sich selbst und stockte, auf ein Knie gestützt ... Er konnte nicht. Da löste ich ihm das geknickte Bein, legte es auf den Boden, streichelte ihn wieder, liebkosend, und ließ seinen Arzt rufen.«

Ich las diese Passage immer wieder, weil sie den ersten Abend, den Simon auf meiner Farm verbracht hatte, so vollkommen wiedergibt – sein Ringen um die nötige Kraft und ausreichend Atem zum Aufstehen. Diese Erinnerung und das dadurch geknüpfte Band wollte ich nicht verlieren, und es gab auch keinen Grund dafür.

Ich war überrascht, wie sehr ich unsere Esel zu lieben begonnen hatte, wie viel sie mir bedeuteten. Da sich auf der neuen Farm das Weideland nun von mehreren Seiten eng ums Haus zog, konnten wir die Tiere sehen, wo immer sie gerade waren, und auch sie konnten uns sehen und hören.

Das war eine wunderbare neue Dimension in unserem Leben mit ihnen. Sie bekamen mit, wie wir morgens aufstanden, und Simon iahte, sobald er mich im Haus umhergehen hörte. Manchmal war das nervig, aber ich gewöhnte mich daran. Ohne weiter nachzudenken, rief ich: »Hallo, Simon!«, und oft schaute er zum Fenster meines Arbeitszimmers hinein. Manchmal stand er vor dem Badezimmerfenster, wenn ich mitten in der Nacht aufstand.

Simon ist eine reine Seele und mir genauso treu ergeben wie seinen Damen.

Eines Abends schrieb ich ihm ein Gedicht und las es ihm vor.

Du siehst mich, Simon, nicht wahr?
Du siehst doch das Wasser, wie es im Bach fließt,
klar und kalt?
Siehst das Wild, das durch die Wälder streift?
Und die Kinder, die auf der Straße spielen und
deinen Namen rufen, wenn sie vorbeigetanzt
kommen?
Simon, du siehst mich.
Im nebligen Morgengrauen,
in der wolkenlosen Dämmerung
höre ich deinen Ruf,
deine Anrufung des Lebens.
Wir beide gehen zusammen,
durchs ganze Leben.
Du siehst mich, nicht wahr?
Wie hast du mich geöffnet.
Ich war so verschlossen.
Und ich sehe dich.

Ich sehe jetzt klarer als früher, dass Simon ein magischer Helfer ist, ein Führer im Geiste, der mir gesandt wurde, um mich auf meiner Heldenreise zu leiten, mir auf meinem Weg zu helfen. Er ist ein Lehrer, der mir in Gestalt eines Esels erschien. Viele Tiere erteilen uns wichtige Lektionen, wenn wir sie nur lassen.

Und was hat er mir beigebracht?

Mich zu öffnen, nicht nur ihm gegenüber, nicht nur für Tiere, sondern auch für die Erfahrungen der Menschen. Für Liebe, Risiko und Freundschaft. Er verhalf mir zu einem viel besseren Verständnis von Barmherzigkeit und Mitgefühl – etwas, wonach ich mein Leben lang gesucht hatte.

Wir sind in vielerlei Hinsicht eine rachedurstige Kultur. Wir sind so schnell darin, Missetäter zu bestrafen, und brauchen so lange, um uns einzufühlen. Simon half mir zu erkennen, dass der Farmer genauso bedauernswert wie sein Esel war, genauso versehrt. Simon half mir, mein Leben für Red zu öffnen. Er brachte mich Maria näher, die mit mir die unglaubliche Erfahrung seiner Heilung teilte. Er half mir zu erkennen, dass Mitgefühl mit Tieren nicht immer bedeutet, sie am Leben zu erhalten, sondern manchmal auch, sie gehen zu lassen.

Und er machte mir bewusst, dass Mitgefühl und Barmherzigkeit nicht nur guten Menschen entgegengebracht werden sollten, sondern auch denen, die uns schockieren, die uns aufregen und unseren Begriff von Menschlichkeit infrage stellen. Er besänftigte mich und milderte meine Vorstellungen von Strafe und Gerechtigkeit.

Ein Lebewesen zu erretten ist eine machtvolle Erfahrung. Viele Menschen, die Tiere lieben und schützen, wissen darum. Aber so eine Tat ist für mich noch bedeutsamer, wenn ich mir bewusst mache, dass es um das Tier geht und nicht um mich. Simon hat nicht darum gebeten, gerettet zu werden; er versteht nicht einmal, was dieses Konzept bedeutet. Ich glaube nicht, dass er mir dankbar war – ansonsten hätte er Rocky niemals in den Zaun gedrängt. Er hatte auch keinen Grund für Dankbarkeit. Indem ich mich ihm öffnete, rettete und belehrte ich mich selbst, und es brachte mich dazu, über mein Leben und meine Welt nachzudenken.

Simons Geschichte ist keine Ausnahme, sondern im Grunde gewöhnlich. Die Geschichte des Esels ist reich an Grausamkeiten, an Preisgabe, Missbrauch und Vernachlässigung. In so vielen Ländern behandelt man Esel praktisch als Wegwerfartikel; sie werden Überanstrengung und Hitze ausgesetzt; man füttert sie schlecht und gibt ihnen kein frisches Wasser. Während ich diese Zeilen schreibe, ist mir bewusst, dass in den Vereinigten Staaten Tausende Esel im Stich gelassen werden, weil Farmer und andere Menschen es sich nicht mehr leisten können, für sie zu sorgen. Simons Geschichte ist nur ungewöhnlich, weil er noch am Leben ist, nicht aber, weil er misshandelt wurde. Seine Leidensgeschichte scheint schon lange zurückzuliegen. Heute steht er mit beiden Beinen fest im Leben und fühlt sich hier wohl. Er ist der König unseres kleinen Hügels.

Simon und ich unterhalten uns jetzt ein- oder zweimal die Woche, und wir sind alte Seelenverwandte. Er weiß, was ich tun werde, bevor ich es tue; er hebt schon den Kopf, wenn ich ihm das Halfter nur zeige. Aber auch ich weiß, was er tun wird, bevor er es tut. Auf unseren Spaziergängen verweile ich bei den üppig grünen Ahornbäumen, damit er ein paar von den Blättern fressen kann.

Red begleitet uns auf all unseren Wanderungen. Die beiden sind jetzt so vertraut miteinander, wie es Red mit Rocky war. Und so hat sich der Kreis auf ganz eigene Weise wieder geschlossen.

Ich berichte Simon von meinen Triumphen und meinen Enttäuschungen, und wir betrachten gemeinsam die Welt. Kürzlich sagte ich ihm auf einem unserer Spaziergänge, dass es in der Welt wirklich ironisch zugeht: Als Heranwachsender hatte ich von seltsamen Männern gelesen, die mit Eseln umherziehen, und nun war ich selbst einer von ihnen geworden.

Simon war davon nicht beeindruckt. Er blickte gebannt auf einen riesigen weißen Schmetterling, der aus dem Ahornbaum aufgeflogen war und nun über seinem Kopf kreiste und kreiste.

Zwanzig
Offene Türen, offenes Leben

Sie kamen aus so vielen Orten, um Simon zu sehen. Mehr als zweitausend Menschen – aus Kalifornien und Kanada, Mexiko und Maine, South Dakota, Mississippi und Colorado. Sie kamen in ihren großen Autos, in Trucks und Minivans, mal in ihren Arbeitsstiefeln, mal in modischen Schuhen.

Sie standen zu Hunderten vor dem großen Stall Schlange, um endlich eintreten und Simon berühren zu dürfen, mit ihm zu knuddeln, ihm Möhren und Kekse zu geben und mich mit Fragen über ihn zu überhäufen. Zwei Tage lang kam ich gar nicht mehr aus dem Stall heraus. Ich bugsierte die eine Gruppe zu Simon hinein, und am Tor bildete sich schon wieder die nächste. Simon, sagte ich zu ihm, du bist ein echter Rockstar.

Es war berührend, all dieses Staunen in ihren Gesichtern zu sehen, diese Bewunderung und Zuneigung; ältere Frauen wurden im Rollstuhl in den Stall geschoben, und kleine Kinder aus New York City, Toronto und Chicago machten große Augen und traten aufgeregt auf Simon zu, um zu entdecken, dass er jedes einzelne von ihnen mochte, dass er sich gern anfassen, kuscheln und mit Keksen und Karotten beschenken ließ.

Seine Liebenswürdigkeit, besonders Kindern gegenüber, war ergreifend. Er schnappte nie heftig nach einem Apfel oder einer Möhre, jagte niemandem einen Schrecken ein, zwickte keinem in die Hand und zuckte auch nie zurück, wenn ihn jemand berühren oder streicheln wollte.

Simon war die Sanftmut in Person. Er war der Größte.

In meinen acht Jahren auf der Bedlam Farm hatte ich die meiste Zeit keine Besucher empfangen. Ein Therapeut hatte mir gesagt, dass die Farm für mich zu einer Festung geworden war, einem Ort, an dem ich die Welt von mir fernhalten konnte. Ich erlaubte keine Besichtigungen. Ich hieß den stetigen Strom von Autos, die vor meiner Farm auf und ab fuhren, nicht willkommen, und wenn die Leute anhielten, auf das Farmhaus starrten, beim Anblick der Hunde »Ooh!« und »Aah!« riefen und Fotos machten, bat ich sie nicht herein.

Ich schloss mich ganz der Auffassung an, dass ein Schriftsteller abgekapselt und zurückgezogen leben müsse. Man schrieb in aller Ruhe sein Buch, stieg dann von seinem Berg hinab, um ein paar Lesungen zu machen und einige Exemplare zu signieren, und zog sich danach wieder zurück. Nein, sagte ich, das hier ist kein Vergnügungspark. Es ist ein Arbeitsplatz, ein privates Zuhause; wir empfangen keine Besucher. Das würde die Bewohner stören und die Tiere auch. Ich hielt es immer für unangenehm, von Besucherscharen heimgesucht und angestarrt zu werden.

Nach unseren ersten Tagen der offenen Tür war alles anders, und Simon hatte uns dazu inspiriert. Hierher also hatte der Öffnungsprozess geführt, der genau in diesem Stall, wo nun Simon seine ihn anhimmelnden Fans begrüßte, vor einem Jahr eingesetzt hatte. Er hatte mein Leben reicher gemacht, hatte es verändert.

Dank der Fotos und Berichte im Blog hatte Simon jetzt eine kraftvolle neue Geschichte. Er war lebendig, wohlauf und gedieh prächtig. Er war von der Schwelle des Todes zurückgekehrt und führte heute ein glückliches, erfülltes Leben. Er hatte mich, Maria, Lulu und Fanny, Weiden zum Umherstreifen und Menschen aus aller Welt, die ihn liebten.

Sechs Monate nach unserem Umzug richteten wir auf unserer neuen Farm einen weiteren Tag der offenen Tür aus. Wie schon beim ersten Mal organisierte Maria in ihrem Atelier eine Kunstschau. Zu Simon strömten einmal mehr lange Reihen von Besuchern; viele von ihnen waren schon bei der Premiere dabei gewesen. Er hielt glücklich Hof, aber das Überraschende war, dass ich mich genauso glücklich fühlte. Es macht mir Spaß, mit ihm anzugeben und dabei seine Geschichte und die aller Esel der Welt zu erzählen.

Jetzt, wo Rocky nicht mehr da war, herrschte Simon umfassend und unangefochten; sein Weg war ein

Triumph des Willens, des Mutes und der heilenden Kraft der Liebe. Dasselbe Geschöpf, das ein blindes Pony in einen Zaun getreten hatte, stand jetzt ganz ruhig bei Kindern, die es küssten, ihm Klapse auf die Nase gaben und an seiner Mähne zogen. Mitgefühl kann viele Formen annehmen, und manche davon sind schwer zu erkennen.

Simons Tage sind mit Ritualen und neuen Gelegenheiten angefüllt. Er hat eine Ständerscheune, die ihn und die Mädels vor Sonne, Regen und Schnee schützt. Er hat drei Weiden mit den Büschen, Apfelbäumen, Bachläufen und Talkerben, die Esel so gerne bewandern und erkunden. Wir besuchen ihn mehrmals täglich. Morgens bürstet Maria ihn und singt ihm etwas vor. Ich bringe ihm Pferdekekse, Äpfel, Mohrrüben, Brot und Pasta, auf die er ganz versessen ist. Jeden Morgen treten ihm Lulu oder Fanny oder auch beide gegen die eine oder die andere Seite des Kopfes; es scheint ihn nicht weiter zu stören. Seine Probleme mit Ken Norman hat er überwunden – inzwischen lässt er sich ohne Gegenwehr die Hufe ausschneiden.

Simons verdrehte Beine sind das einzige verbliebene Zeichen seiner vielen Verletzungen. Ich glaube, dass kaltes Wetter seinen Beinen sehr zusetzt, und manchmal sehe ich, wie er sich in widerwilliger Resignation hinlegt, was gesunde Esel selten tun.

Obwohl er vor allem für die Geschichte seiner einstigen Misshandlungen bekannt ist, gibt es keine Anzeichen dafür, dass er sich daran erinnern würde oder irgendwelche Spuren davon zurückbehalten hätte. Es gibt keine Menschengruppe, vor der er Angst hat oder zurückschreckt – weder Männer noch Frauen, weder Alte noch Junge. Es ist offensichtlich, dass die schlechte Behandlung in seinem Leben bloß eine Episode war, aber nicht chronisch; er ist nicht übervorsichtig oder misstrauisch gegenüber Menschen.

Nie werde ich die langen Schlangen von Besuchern vergessen, die durchs ganze Land gereist waren, nur um Simon zu sehen. Er half mir zu begreifen, welche Macht Tiere haben, wenn es darum geht, unsere Herzen anzurühren und unser Leben zu verändern.

Der heilige Thomas von Aquin hat es, glaube ich, ganz richtig erfasst, und meine Erfahrungen mit Simon lehrten mich, dass Mitgefühl nichts Einfaches oder Nettes ist – weder Tieren noch Menschen gegenüber.

Simon war nicht mein Retter; ich war es, der ihn gerettet hat, und doch hat er mir beigebracht, was Mitgefühl bedeutet. Wie schwer mir dieses Gefühl fällt und wie leicht ich es Menschen vorenthalte, die ich nicht mag oder die grausame, anstößige Dinge getan haben. Der echte Pilger, der wahrhaft nach Mitgefühl Suchende, lernt solche Brücken zu überschreiten: Jede davon ist anders und führt uns an einen neuen Ort.

Simon berührt die innersten Teile meines Selbst; es ist eine solche Freude, ihm das Leben zu ermöglichen, das er verdient hat. Auf liebevolle Weise akzeptiert er mich, wie ich bin. Und er spornt mich dazu an, der Mensch zu werden, der ich sein möchte.

Epilog
Auf dem Weg zu einem mitfühlenden Herzen

Im Frühjahr 2013 begann ich Tai-Chi zu erlernen, jene chinesische Kunst der Bewegung und Meditation. Eines Tages, als ich mich besonders unruhig fühlte, ging ich über die Weide in den Stall, hielt inne und begann mit meinen Übungen.

Simon, der wie immer ganz auf mich eingestellt war, kam zu mir herüber und stellte sich ruhig an meine Seite. Als ich die Arme kreisen ließ und nach oben schaute, spürte ich plötzlich einen sanften Druck im Rücken. Simon hatte mir seinen Kopf gegen die Wirbelsäule gepresst, und während der nächsten zehn Minuten lehnte ich mich bei meinen Übungen an ihn und fühlte seinen Rückhalt und seine Beziehung zu mir.

Es war ein zutiefst spiritueller Augenblick, eine Erfahrung, die mir zeigte, wie nah ein Tier einem Menschen sein kann, den es kennt und bei dem es sich sicher fühlt. Ich spürte, dass Simon vollkommen verstand, was ich bei meinem Training machte, und dass er mir half, die gewünschte Ruhe und Friedlichkeit zu erlangen. Vielleicht half es ja auch ihm.

Die Nachrichtensendungen sind mit Grausamkeiten und Gewalt angefüllt; von früh bis spät müssen wir uns damit konfrontieren lassen, und das beinahe jeden Tag. Und verstörende Geschichten bleiben nicht mehr nur auf die Morgenzeitung oder die abendlichen Fernsehnachrichten beschränkt. Sie dringen in unser Leben ein, in unsere Häuser, unsere Arbeitsplätze; schon die Luft, die wir atmen, ist von ihnen durchzogen. Es sind nicht mehr nur gelegentliche Störungen, sondern Bestandteile des Äthers.

Es ist schwer, Mitgefühl für Menschen zu empfinden, von denen man gesehen und gelesen und gehört hat, dass sie die schrecklichsten Dinge taten. Unser Leben in der Gemeinschaft ist eher mit Konflikten und Streitigkeiten angefüllt als mit Geborgenheit und Orientierungshilfen.

Tagtäglich ruft man uns dazu auf, Verhaltensweisen zu vergeben und zu verstehen, die manchmal jenseits unserer Fassungskraft liegen und unsere Ideen über Mitgefühl infrage stellen.

Jesus, Thomas Merton, Albert Schweitzer und der Dalai Lama können über das Mitgefühl sagen, was sie wollen – die meisten Leute akzeptieren ihre Botschaften nicht und glauben nicht, dass wir alle ein und dasselbe sind. Die meisten unserer Institutionen sind nicht auf Empathie gegründet. Mitgefühl ist heikel, gefährlich und flüchtig. Es ist leicht, darüber zu reden, aber es zu praktizieren ist schon eine ganz andere Sache.

Das hat Simon mich gelehrt. Aber er hat mich auch gelehrt, in meinem Bemühen nicht nachzulassen.

Die Lincolns, Gandhis, Martin Luther Kings und Mandelas dieser Welt werden sehr bewundert, aber wenn man sich anschaut, welches Schicksal ihnen meist zuteilwird (wir neigen dazu, sie umzubringen oder ins Exil zu schicken), kann man erkennen, dass man ihr Praktizieren von Mitgefühl oft als gefährlich ansieht. Warum sollte ein normaler Mensch freiwillig ein solches Schicksal wählen?

Esel haben stets die besten und die schlimmsten Teile menschlicher Erfahrung verkörpert: geliebt, in großen Kunstwerken gefeiert, verehrt, verschmäht, preisgegeben und misshandelt. Auf der großen Bühne des Zufalls sind sie schon immer mit den Menschen umhergewandert, so wie Simon mit mir wanderte.

An jenem Nachmittag half mir Simon zu verstehen, dass es eine wunderbar einfache Sache ist mit dem Mitgefühl. Man braucht sich nur die eine Frage zu stellen: Was für ein Mensch möchte man sein?

Monate später rief mich ein Priester an, einer der Leiter eines katholischen Waisenhauses für Jungen in Brooklyn. Die Gruppe, so sagte Pater Joseph, wollte bei uns in der Provinz ein paar Einkehrtage verbringen. Als Leser meines Blogs hatte er überlegt, dass es für die Jungs wunderbar wäre, ein paar Farmtiere kennenzulernen und Red beim Schafehüten zu erleben.

Die meisten der Jungen kannten Hunde nur als Wachtiere; sie hatten keinen Begriff von einem Heimtier. Aber vor allem, so sagte er, sollten sie Simon begegnen. Meine Fotos und Geschichten hatten den Priester spüren lassen, wie sanftmütig dieser Esel war.

Er warnte mich, dass die meisten Jungen einen außerordentlich schwierigen Hintergrund hatten. Manche von ihnen waren Opfer von Vergewaltigungen und Inzest geworden. Andere hatte die Polizei wegen verschiedener Verbrechen festgenommen. Manche waren Kinder illegaler Einwanderer oder waren allein zurückgeblieben, als ihre Eltern starben, schwer erkrankten oder einfach spurlos verschwanden. Einige hatten schwere emotionale Probleme und Verhaltensstörungen; er hoffte, dass das in Ordnung für mich wäre.

Pater Joseph fügte hinzu, dass nur einer der Jungen – ein Teenager aus Mexiko – schon einmal ein Farmtier gesehen hatte; er war mit einem Esel aufgewachsen. Wie mir der Priester sagte, zog ihn vor allem die Vorstellung an, dass man furchtbares Unglück ertragen und trotzdem ein offenes Herz bewahren konnte. Er dachte, dass dies vielleicht Simons Botschaft war und dass sich die Jungen in ihn hineinversetzen und ihm womöglich nacheifern könnten.

Ich gab mein Einverständnis zu diesem Besuch. Einige Tage später bogen zwei abgenutzte Kleinbusse in unsere Auffahrt ein, und ungefähr zwanzig Jungen und fünf oder sechs Betreuer und Priester sprangen heraus.

Pater Joseph hatte die Gruppe nicht falsch dargestellt und bezüglich ihrer Störungen nicht übertrieben. Manche konnten kaum sprechen und hatten klar erkennbare emotionale Störungen und körperliche Behinderungen.

Ich bewunderte Pater Joseph, der jetzt schmunzelnd in meinem Hinterhof stand. Er hatte ein warmes Lächeln, und seine Geduld und seine Zuneigung für die Jungs waren mit Händen zu greifen. Er war jemand, der gewiss keine Lektionen in Sachen Mitgefühl brauchte; er war das Mitgefühl selbst. Obgleich manche der Jungen ihn herausforderten und ihm das Wort abschnitten oder nicht kamen, wenn er sie rief, blieb er in seinen ruhigen und warmherzigen Reaktionen unbeirrt und brachte am Ende jeden dazu, das Verlangte zu tun.

Lenore und Red begrüßten die Jungs enthusiastisch schwanzwedelnd. Die meisten Kinder hatten spürbar Angst vor Hunden. Ich erinnerte mich an Pater Josephs Warnung, dass fast niemand mit Tieren vertraut war, und rief die Hunde zurück. Sie sollten so lange im Hintergrund bleiben, bis sich die Besucher an sie gewöhnt hatten.

Jean, ein siebzehnjähriger Waisenjunge aus Haiti, dessen Familie bei dem verheerenden Erdbeben in seinem Heimatland ums Leben gekommen war, trat als Erster ein paar Schritte auf sie zu und legte seine Hand auf Reds Kopf. Red, inzwischen ein amtlich zugelassener Therapiehund, blieb ruhig stehen und schaute Jean in die Augen. Die anderen Jungen waren verwundert. Anscheinend hatten sie noch nie einen Hund wie Red gesehen, und nach und nach folgten sie fast alle Jeans Beispiel.

Mir fiel auf, dass Simon außerhalb der Ständerscheune aufgetaucht und bis ans Gatter herangekommen war. Simon wusste, was es mit Besuchern auf sich hatte, und sein Blick fiel auf Pater Joseph und die anderen Betreuer, die große Beutel mit Mohrrüben in den Händen hielten.

Simon schaute sich die Gruppe aufmerksam an und ließ dann ein fröhliches und einladendes Iah los, bei dem mehrere Jungen gleich wieder zu den Kleinbussen rannten.

Nein, nein, erklärte ich ihnen, das ist doch Simons Willkommensgruß. Auf diese Weise sagt er euch Hallo.

Ein anderer Junge, der Juan hieß, trat bis ans Gatter vor. Pater Joseph flüsterte mir zu, dass Juans Familie im Drogenkrieg der Bronx vor seinen Augen umgebracht worden war. Er hatte noch nie das Meer gesehen und noch nie eine Farm. Der Junge kam auf mich zu, schüttelte mir die Hand und bat mich in gebrochenem, aber verständlichem Englisch, Simons Geschichte der ganzen Gruppe zu erzählen. Das tat ich gern. Ich berichtete, wie schlecht man ihn auf seiner alten Farm behandelt hatte, und gab einen kurzen Überblick über die Geschichte der Esel. Ich sprach darüber, was sie fressen, wie lange sie leben und wie man sich ihnen nähern und sie berühren sollte.

Dann schob ich das Gatter auf und lud alle ein, mit auf die Weide zu kommen und sich im Halbkreis um die Esel herum aufzustellen. Gemeinsam mit den Betreuern brach ich die Möhren in Stücke und gab sie den Jungen, die sich näher heranwagten – es waren nur vier oder fünf.

Simon war ein einfühlsamer Gastgeber; es war immer schwer, die Untiefen seiner Geschichte mit seinem sanften und freundlichen Naturell in Einklang zu bringen. Er konnte die Menschen gut lesen; nie näherte er sich Leuten, die nervös und ängstlich dastanden.

In den nächsten zehn Minuten trat ein Mitglied der Gruppe nach dem anderen mit ausgestreckter Hand auf Simon zu, und der Esel knabberte die Karotten, die er von Besuchern nun schon gewohnt war.

Juan hielt sich im Hintergrund; man sah ganz deutlich, dass er sich vor dem großen Esel fürchtete. Er mochte nicht näher kommen oder ihm eine Möhre reichen.

Simon hatte jetzt schon eine Menschentraube aus Betreuern und Kindern um sich. Sie hielten ihm ihre Möhren hin, aber irgendetwas zog ihn zu Juan, der weiter hinten am Gatter stand. Plötzlich spazierte Simon durch den Kreis auf Juan zu. Der hielt Pater Josephs Hand und schaute den Esel mit großen Augen an.

»Alles in Ordnung«, sagte ich, »er tut dir nichts.« Ich vertraute Simon voll und ganz, war mir aber nicht sicher, was er von Juan wollte. Nun stand Simon neben dem Jungen. Er schaute auf seine hellgrünen Turnschuhe hinab, wackelte ein wenig mit dem Kopf und beugte sich hinunter, um an ihnen zu schnuppern – vielleicht dachte er, sie wären essbar.

Dann blieb er einfach neben dem Jungen stehen und schaute durchs Gatter auf die Weide hinaus.

»Was will er?«, fragte Juan voller Anspannung.

»Er wartet darauf, dass du ihm die Ohren streichelst oder kraulst«, sagte ich.

Eine Zeit lang sagte niemand etwas. Die anderen Jungen standen alle still da, hielten ihre Karotten und beobachteten die Szene. Dann brachten manche von ihnen Mutmaßungen darüber vor, was Simon wollte – er wollte Futter, er wollte ausgeführt werden, wollte Hallo sagen.

Nach einer Weile sah ich, wie sich Juans Hand langsam nach vorn schob und Simon gleich unterm Ohr zu kratzen begann – eine seiner liebsten Kraulstellen. Simon stand still wie eine Salzsäule, und seine Lippen bebten, was bei Eseln ein Zeichen von Zufriedenheit ist; es ist wie das Schnurren bei einer Katze.

Simon harrte aus, er schien im Boden Wurzeln geschlagen zu haben. Juan rieb ihm die Nase und wollte dann ein paar Möhren haben, um sie ihm reichen zu können. Er streckte unsicher die Hand aus, mit flachem, nach oben gewandtem Handteller, wie wir es den Jungs empfohlen hatten. Simon führte sein Maul behutsam heran und nahm die Möhre auf. Dann kaute er sie bedächtig und sorgfältig durch. Juan, der noch immer Pater Josephs Hand hielt, begann Simon seitlich am Hals zu streicheln.

Einige von den anderen Jungs kamen herüber; sie

alle tätschelten Simon und gaben ihm die verbliebenen Karotten. Dann verließen wir Simons Weide und gingen mit der Gruppe auf die andere Seite des Farmhauses, um Red beim Schafehüten zuzuschauen. Juan fragte, ob er noch ein bisschen bei Simon bleiben könne, und einer der Betreuer erklärte sich bereit, bei ihm zu bleiben. Kein Problem, sagte ich nur.

Nun boten Red und ich unsere Vorführung im Schafehüten dar. Die Jungen schauten gebannt zu; keiner von ihnen hatte je einen Hund gesehen, der so gut hörte und so flink war wie Red. Die Vorstellung, dass er die Schafe unter Kontrolle halten konnte, schien sie zu faszinieren.

Am Ende der Schau nahm mich Pater Joseph beim Arm und führte mich auf den Hof, von wo man Simon und Juan sehen konnte. Sie standen am Gatter, und Pater Joseph zeigte in ihre Richtung.

Juan stand direkt vor Simon. Er hielt seine Stirn an den zufriedenen Esel gedrückt. Simon und der Junge schienen in ihre eigene Welt versunken zu sein und auf machtvolle und emotionale Weise miteinander zu kommunizieren – auf eine Art, wie ich sie mir noch vor einigen Monaten nicht hätte ausmalen können.

»Sie können sich gar nicht vorstellen, was für ein Geschenk das für Juan ist«, sagte Pater Joseph und fügte dann lächelnd hinzu: »Welch ein mitfühlendes Herz Ihr Esel doch hat!«